“十四五”职业教育部委级规划教材

U0737918

数码服装设计表现

丰　蔚　葛　星　程静怡　编著

中国纺织出版社有限公司

内 容 提 要

《数码服装设计表现》是服装设计与工艺专业的技术核心课程。本书通过讲解数字化的服装设计表现技法，将不同风格、不同功能服装的款式变化、面料图案、结构特点、色彩配比组合及流行特征直观地表现出来。

本书革新了传统电脑效果图的课程内容设置，不仅通过位图格式或矢量格式的最新数字化表现手法来体现服装平面、着装两种效果，还能够运用印花设计方法辅助设计效果图，表达服装艺术构思和工艺构思的效果，充分体现了职业教育的市场实践性。本书有丰富的配套资源，包含PPT课件、教学视频和作图文件。

本书适用于高职高专服装设计与工艺相关专业学生、服装行业从业人员以及广大服装设计爱好者。

图书在版编目（CIP）数据

数码服装设计表现 / 丰蔚，葛星，程静怡编著 . --
北京：中国纺织出版社有限公司，2024.3
"十四五"职业教育部委级规划教材
ISBN 978-7-5229-1391-9

Ⅰ. ①数⋯　Ⅱ. ①丰⋯　②葛⋯　③程⋯　Ⅲ. ①服装设计−职业教育−教材　Ⅳ. ① TS941.2

中国国家版本馆 CIP 数据核字（2024）第 035048 号

责任编辑：宗　静　　特约编辑：王其强
责任校对：高　涵　　责任印制：王艳丽

中国纺织出版社有限公司出版发行
地址：北京市朝阳区百子湾东里 A407 号楼　邮政编码：100124
销售电话：010—67004422　传真：010—87155801
http://www.c-textilep.com
中国纺织出版社天猫旗舰店
官方微博 http://weibo.com/2119887771
天津千鹤文化传播有限公司印刷　各地新华书店经销
2024 年 3 月第 1 版第 1 次印刷
开本：787 × 1092　1/16　印张：12.5
字数：205 千字　定价：68.00 元

　　本书系统介绍数码服装设计表现相应知识，了解当前流行新技术，创新传统服装设计表现的技术方法，运用现代设计理念进行不同风格的服装服饰设计、图案设计和绘图，能够以形象逼真的设计外观达到新颖美观的艺术效果，做到审美性与技术性的统一。

　　随着数字技术的日益更新，服装设计行业对数字技术的应用越来越普遍。行业发展需求促使数字技术应用在新一轮人才培养方案中占据重要的地位。传统的绘画表现能力经由数字技术的转换，无疑能够更好地为企业和市场服务。作为服装专业的必备专业能力，数字化服装设计表现技法同时也对接了行业终端的若干就业岗位需求，如服装设计师、绘图师、服装陈列师、服饰设计师、影视服装设计师等。

　　在服装设计与工艺及相关专业的人才培养方案中，数码服装设计表现主要分为两部分，一部分是软件基础操作，另一部分是服装效果图以及服装设计相关课程的应用。本书整合这些内容，起到承上启下的作用，以更为系统实用的方式，不仅为学习者提供纸质教材资源和配套视频资源、PPT 课件、作图文件，还建设有相应的网络精品课程（学银在线及智慧树搜索同名课程），进一步为社会以及其他高职院校的相似课程提供教学平台资源。课程实践内容为三部分：一为板绘服装效果图部分，使学生能应用 Adobe Photoshop 软件将服装设计构思通过着装动态直观形象地表达出来，使用各种技法表现不同材质的服装，培养学生的设计思维表达能力；二为印花面料图案部分，掌握运用 Adobe Photoshop、Adobe Illustrator 的绘图方法；三为运用 Adobe Illustrator 软件绘制服装平面款式图，细化服装结构和工艺设计方案，为辅助指导设计生产打下基础。

　　本书第一章和第三章由北京电子科技职业学院丰蔚编写，第二章由前北京电子科技职业学院、现任职于北京丰台区第八中学葛星编写，第四章由北京电子科技职业学院程静怡编写。由于编写者学识能力有限，存在疏漏之处还请不吝批评、指正。本书使用图片及其他相关素材，如有未标明出处之处在此致以歉意，并请与我们联系，以期加以补正。

丰蔚

2023 年 7 月

配套微课资源索引

序号	名称	资源形式	页码
	作图文件资源	压缩包	001
1	认知数码服装设计表现	PPT 课件	001
2	PS 板绘效果图入门	教学视频	075
3	应用案例 1 任务 1 人体线稿	教学视频	075
4	应用案例 1 任务 2 人体上色	教学视频	075
5	应用案例 1 任务 3 款式绘制	教学视频	075
6	应用案例 2 任务 1 牛仔部分上色	教学视频	075
7	应用案例 2 任务 2 牛仔部分上色	教学视频	076
8	应用案例 2 任务 3 鞋与耳环	教学视频	076
9	应用案例 3 任务 1 款式绘制	教学视频	076
10	应用案例 3 任务 2 面料解说制作	教学视频	076
11	应用案例 3 任务 3 整体刻画	教学视频	076
12	应用案例 4 任务 1 绘画草图讲解	教学视频	076
13	应用案例 4 任务 2 肤色妆容	教学视频	076
14	应用案例 4 任务 3 牡丹、凤凰图案	教学视频	076
15	应用案例 4 任务 3 海水纹和其他图案	教学视频	076
16	应用案例 4 任务 4 阴影上色、头饰	教学视频	076
17	纹样解读	PPT 课件	077
18	宝相花适合纹样	PPT 课件	077
19	几何四方连续纹样	PPT 课件	077
20	应用案例 1 任务 1 绘制牡丹花瓣 1	教学视频	113
21	应用案例 1 任务 1 绘制牡丹花瓣 2	教学视频	113
22	应用案例 1 任务 1 绘制牡丹花瓣 3	教学视频	113

续表

序号	名称	资源形式	页码
23	应用案例 1 任务 1 绘制花蕊及叶子	教学视频	113
24	应用案例 1 任务 1 绘制叶子	教学视频	113
25	应用案例 2 任务 1 单色编织	教学视频	113
26	应用案例 2 任务 1 印花	教学视频	113
27	应用案例 2 任务 2 镭射效果 1	教学视频	113
28	应用案例 2 任务 2 镭射效果 2	教学视频	113
29	应用案例 2 任务 3 棉绗缝效果	教学视频	113
30	应用案例 3 任务 1 单独元素绘制	教学视频	113
31	应用案例 3 任务 1 连续纹样绘制	教学视频	113
32	AI 常用绘图界面及工具介绍	教学视频	186
33	应用案例 1 衣领	教学视频	186
34	应用案例 1 喇叭袖	教学视频	186
35	应用案例 1 插肩袖	教学视频	186
36	应用案例 1 袖子增加细节	教学视频	186
37	应用案例 1 拉链	教学视频	186
38	应用案例 2 带襻腰带	教学视频	186
39	应用案例 2 系扣腰带	教学视频	186
40	应用案例 3 泡泡袖上衣	教学视频	186
41	应用案例 4 半身裙	教学视频	186
42	应用案例 4 连衣裙	教学视频	186
43	应用案例 5 女士西装上衣	教学视频	186
44	应用案例 5 女士西裤	教学视频	186
45	增加颜色、图案和面料	教学视频	186

教学内容及课时安排

章/课时	课程性质/课时	节	课程内容
第一章 （4课时）	基础理论 （4课时）	·	认知数码服装设计表现
		一	追踪溯源
		二	表现方法
第二章 （30课时）	理论实践一体 （90课时）	·	板绘服装效果图
		一	软件与工具
		二	女性人体与基础着色
		三	牛仔女装效果图
		四	毛呢混纺女装效果图
		五	中式婚礼服效果图
		六	板绘服装效果图实操拓展案例
第三章 （30课时）		·	印花面料图案
		一	纹样解读
		二	图案纹样
		三	肌理表达
		四	四方连续纹样
第四章 （30课时）		·	服装平面款式图
		一	AI常用绘图软件及工具介绍
		二	平面款式图基本绘制方法
		三	平面款式图局部绘制方法
		四	女装款式图案例

注　各院校可根据自身的教学特点和教学计划对课程时数进行调整。

基础理论

认知数码服装设计表现

作图文件资源　　1.认知数码服装
　　　　　　　　设计表现

- 课题名称 ｜ 认知数码服装设计表现

- 课题内容 ｜

  1.追踪溯源

  2.表现方法

- 课题时间 ｜ 4课时

- 教学目的 ｜

  通过本章节学习，纵览整个课程的整体框架，并对数码服装设计表现所涉及的技术内容有初步的了解，便于后面实操课程的具体学习。

- 教学方式 ｜ 理论阐述与课堂讨论分析

- 教学要求 ｜

  1.了解数码服装设计表现的学习目的及学习内容。

  2.了解数码服装设计表现的基本概念及绘图分类。

  3.了解数码服装设计绘图所经历的大致历史脉络及相关典型人物。

  4.了解数码服装设计的风格类型及技术方法。

- 课前准备 ｜ 收集整理相应的服装设计表现图例，阅读相关书籍。

　　一般来说，数码服装设计表现课程是学习服装设计与工艺或相关设计专业的技术核心内容。它主要通过学习数字化的服装设计表现技法，将不同风格、不同功能服装的款式变化、面料图案、结构特点、色彩配比组合及流行特征直观地表现出来。通过运用数字化技术表现服装设计的相关内容，一方面增强与时代技术相关的设计表现能力，另一方面便于在实际工作中链接应用与生产。

　　本书实践部分共分三个主要内容，即板绘服装效果图、印花面料绘图和服装平面款式图三个部分。

　　（1）板绘服装效果图：能应用 Adobe Photoshop、Ipad Procreat 软件技术，将服装设计构思通过着装动态直观形象表达出来，使用各种技法表现不同材质的服装，增强服装美感，培养学生的设计思维表达能力。

　　（2）印花面料绘图：运用 Adobe Photoshop 或 Adobe Illustrator 软件掌握印花面料的绘图方法和接板方法，能够直接输出进行数码印花生产。

　　（3）服装平面款式图：运用 Adobe Illustrator 软件，了解服装款式结构的基本绘图方法，细化服装结构和工艺设计方案，为辅助指导设计生产打下基础。

第一节　追踪溯源

一、概念解读

1.服装设计

服装设计即指以服装为设计对象的设计活动，服装设计分类形式多种多样。

（1）按性别分，可分为男装设计、女装设计。

（2）按年龄分，可分为童装设计、青年装设计、老年装设计等。

（3）按品类分，可分为西装设计、裤装设计、礼服设计等。

（4）按用途分，可分为影视服装设计、婚庆服装设计、户外装设计等。

（5）按生产方式分，可分为高级定制服装设计、成衣设计等。

2.服装设计表现形式

完整的服装设计过程包括两个步骤，一是计划和构思，二是将设想进行可视性的实现。因此，服装设计的表现形式一般分为绘制设计效果图和实物制作样衣两种基本方式。相比较而言，绘制设计效果图无疑是较为省时省力的表达形式，然而在直观效果上往往不如实物制作更为真实有效。

绘制服装设计效果图，一般有手绘效果图和运用数字技术绘图两种形式。两种技术手段相互影响，取长补短，彼此借鉴，以期达到更为生动有效的艺术效果或实用目的。

3.数码服装设计表现

随着数字化时代的到来，电子设备的应用使服装设计的效果图表现形式有了新的发展。数字化技术不仅可以更快速地表达设计效果，还方便存储、修改和传送，其数字化的技术效果也更为立体逼真，提高了绘图质量。

如图1-1所示，杰森·布鲁克斯（Jason Brooks）是最早应用数字技术进行时尚创作的艺术家之一，这幅作品运用21世纪的数字技术再现了20世纪60年代的时装设计师Versace的设计风格。在这幅作品中，数字技术使得画面填涂均匀、色彩饱满，流畅的线条和图形极其富有现代装饰感。

图1-1　杰森·布鲁克斯作品

4.数码服装设计绘图分类

基于应用目的和表现形式不同，围绕服装设计任务而涉及的数码服装设计绘图可大致分类为：

（1）时装插画。时装插画是时尚艺术的一种创作形式，旨在表现服装的精髓和灵魂，视觉冲击力和画面装饰效果较强，多出现在时装杂志、海报和广告中。它没有固定的规则，所采用的工具和材料没有限制，也没有明确的绘制方式和流行风格，重在体现装饰美和形式美。与其他形式的服装绘画相比，时装插画往往更有艺术表现力，非常适合反映时装插画师的个性和艺术风格。

（2）服装效果图。服装效果图是一种用以表达服装设计整体造型的绘画形式。它要求能够清晰、准确地表现最终的着装状态，用于预想实物服装制作完成所呈现出的最终效果。它是设计师从服装设计构思到成衣制作过程中不可或缺的重要部分。服装效果图在有需要时也可绘制出服装的侧面或背面的效果图。一张完整的设计稿还需要再配上相应的面料小样、平面款式结构图和文字说明。

（3）平面款式图。服装平面款式图是以平面线稿的形式，将服装正反面的款式结构、工艺细节、装饰配件及制作要求等进一步细化形成具有切实依据的图稿形式，必要时还可以配以简练的文字辅助说明和面料小样，并标注尺寸等。

（4）印花绘图。随着数字印刷技术的发展，数码印花工艺成为服装服饰图案处理的重要手段之一。无论是运用软件直接绘图，还是进行图形图像处理，不仅可以模拟再现传统印染工艺图案的大多数风格种类，还广泛拓展了设计创新的新形式。因此，运用数字化技术设计印花面料图稿日益显得重要。

二、历史拾穗

毫无疑问的是，服装设计师这个职业是随着工业化大生产而诞生的，那么围绕服装设计生产而进行的服装效果图的发展历史，大概也可追溯至这个时期。在此之前，我们则可从绘画、雕塑、文学、考古等其他文化的技术形式中获得对服装发展的认知。从20世纪初至今，体现现代设计风格的服装效果图逐渐从绘画、插画等其他艺术形式中分离出来，日益形成弘扬时代风尚、体现流行设计理念的功能性特点，而且风格形式变化多样，商业价值凸显。可以说服务于服装设计的各种绘图，都是为商业目的服务的，这也体现了包括服装设计在内的现代艺术设计本身的功能性属性。由于篇幅所限，本书从现代服装绘图发展长河中选取几位较有影响的艺术家、时尚插画师或设计师的作品，以期从中管窥一下服装设计表现技法的发展演变脉络。

1.奥布里·比亚兹莱（Aubrey Beardsley）

19世纪末20世纪初，随着服装工业化进程的发展，当时的西方富裕阶层和演艺界女演员常常成为画家们的灵感源泉。他们在各类海报、书籍杂志以及插图中再现这些女性的穿着仪表，这成为当时妇女追随时尚的重要参考资料。

奥布里·比亚兹莱是新艺术运动时期最重要的艺术家和插图画家之一，擅长使用简洁的黑白色块以及流畅娴熟的装饰线条处理画面，作品常常引起争议，但是独特的形式感对后人影响巨大，启蒙了现代服装效果图的表现形式。如图1-2所示，《孔雀裙》是比亚兹莱最为大众所熟知的作品，收录在王尔德的剧本《莎乐美》（1894年版）。他用优美的线条描绘此幅插图，画面一贯的黑白对比使整个空间形成既简洁又充满装饰性的效果。

2.阿尔丰斯·穆夏（Alphonse Mucha）

阿尔丰斯·穆夏是19世纪末20世纪初插画方面的先驱。基于新艺术运动的影响，他用感性化的装饰性线条、简洁的轮廓线和明快的水彩效果，创造了被称为"穆夏风格"的人物形象。其插画、招贴画作品涉及大量服饰内容，大量华丽的线条造型、典雅稳重的构图及绚丽的色彩共同构成甜美清新的女性形象。如图1-3所示，这幅创作于1897年的作品《绮思》强调了服装服饰细节的美感，高度装饰性的画面将当时的时尚设计与绘画技法有机结合，强调了视觉层次的丰富性。

3.保罗·伊里布（Paul Iribe）

20世纪初期，商业宣传多半仍采用版画的方式来制作。1908年，由保罗·伊里布绘制的《保罗·伊里布眼中的保罗·波烈时装》，整本图册未有任何文字叙述，共包含有十幅彩绘版画，描绘波烈最新发布的服装款式。如图1-4所示，单色的背景处理衬托了波烈时装的华丽感，放松的腰部和收紧的长裙下摆，都呈现出鲜明的波烈设计个人风格。

基于此系列版画插画作品，保罗·伊里布打开了知名度，成为极富影响力的艺术家。他被称为时尚插画之父，其版画的线条与色彩的搭配亦反过来启发波烈的服装设计，而极富活力的线条与画面空间中呈现整体装饰的风格，为后来的装饰艺术运动（Art Deco）

图1-2 《孔雀裙》（奥布里·比亚兹莱作品）

图1-3 《绮思》（阿尔丰斯·穆夏作品）

带来一定影响。从严格意义上讲，他的这一系列插画才称得上为时尚插画，其绘画的主体为时尚生活背景下的时装及人物，其明确为时尚服务的商业目的也迥然不同于前面提及的两位艺术家。

4.乔治·巴比尔（George Barbier）

乔治·巴比尔（1882—1932）是20世纪初法国著名的插画家，同时也是戏剧和芭蕾舞服装设计师。他以具有东方主义和巴黎时装的优雅装饰风格的艺术插画作品而闻名，作品如图1-5所示。他为顶级时尚刊物进行插图设计并撰写文章，笔下的插图绘制精美，线条流畅，华丽而富有装饰性，且限量发行，因而一直都是人们狂热追求的收藏品。从他的作品中，不仅可以看到当时西方社会的时装设计款式，还能看到东方题材和东亚地区传统美学的元素，这都为他的插画增加了异域绮丽的色彩。

图1-4 保罗·伊里布作品

图1-5 乔治·巴比尔作品

5.卡尔·埃里克森（Carl Erickson）

20世纪二三十年代代表了时尚插画的"黄金时代"。时尚插画艺术家们普遍比较重视绘画和装饰效果的趣味性，从而忽略了对当代时尚精神的忠实性表达。而卡尔·埃里克森的出现在时尚插画界确立了新的现实主义标准。卡尔·埃里克森（1891—1958）是一位时装插画师和广告艺术家，以与杂志VOGUE和Coty化妆品合作而闻名，在作品上署名"Eric"成为他的标志。除了时尚插画外，埃里克森还是一位有成就的肖像画家，因此他的插画作品往往用笔灵活，线条自然富有表现力，擅长用寥寥数笔表现出传神的形态，形成既传统又简洁时尚的时代美感，如图1-6所示。

图1-6 卡尔·埃里克森作品

随着时代发展，在时尚界占有绝对统治地位的法国设计师克里斯蒂安·迪奥于1947年创造了时装界新风貌，其重新强调女性腰部线条的设计风潮使当时的服装设计呈现古典、唯美的风格，这在某种程度上与时尚插画的现实画风相互契合，形成当时的时尚潮流。如图1-7所示为勒内·格鲁瓦（Rene Gruau）于1948年绘制的迪奥时装，采用墨水、水彩以及水粉绘制而成，果断生动地勾勒产生戏剧性的效果。如图1-8所示为伯纳德·布鲁撒克（Bernard Blossac）于1949年描绘的同时期设计师杰奎斯·菲斯（Jacques Fath）时装，其纤细的线条很好地表现了菲斯设计的女性化美感。如图1-9所示为贝丽尔·哈特兰（Beryl

图1-7 勒内·格鲁瓦作品

Hartland）为霍洛克斯广告绘制的速写作品（1952年），她的插画在20世纪50年代被许多报纸和杂志刊登，其生动简约的绘画风格流行一时。总体来说，由于传统审美经验的延续，这一时期的效果图显得形式较为单一，在个性的张扬上显得较为沉默，缺乏多样化的样式。

图1-8 伯纳德·布鲁撒克作品

图1-9 贝丽尔·哈特兰作品

6.安东尼奥·洛佩兹（Antonio Lopez）

进入20世纪六七十年代，时装画的风格逐渐向多元化发展，安东尼奥·洛佩兹成为最具影响力的画家之一。自20世纪60年代至80年代，他的插画作品红极一时，其绘画风格多变，使用过各种材料，包括铅笔、钢笔和墨水、木炭、水彩和宝丽来胶片等，其华丽张扬的风格影响了很多同时代时装插画家。他的画充满了装饰的魔力，女性形象大胆张扬，通过人物和形态对时代生活进行了生动描绘。

如图1-10（a）所示为《英国时尚》的夏季运动装插图，绘于1968年，带有新艺术运动风格的旋涡图案和长发，搭配彩色太阳镜，反映出20世纪60年代年轻风潮。如图1-10（b）所示绘于1970年，为杂志VOGUE所画，刺绣亚麻牧羊人工作服突出了传统手工艺装饰的流行，体现当时年轻人对乌托邦的向往之情。如图1-10（c）所示为1980年为《纽约时报》绘制的《俄罗斯运动》铅笔画插图，展示了与以往不同的绘画风格。如图1-10（d）所示绘于1983年，具有立体主义的装饰风格。如图1-10（e）所示绘于1985年，画面中以利落的线条、夸张的肩部再现了20世纪80年代服装造型的硬朗感、扩张感，同时强调腰部的收紧合体，健康运动、女装男性化的时尚魅力受到人们的推崇。

（a）　　　　　　　　　　（b）　　　　　　　　　　（c）

（d）　　　　　　　　　　　　　（e）

图1-10　安东尼奥·洛佩兹作品

7.杰森·布鲁克斯（Jason Brooks）

杰森·布鲁克斯是最早使用数字化技术进行时装插画创作的艺术家之一。他毕业于伦敦圣马丁学院，并从20世纪末开始至今，主要运用Photoshop、Illustrator等软件作为主要创作工具，有时候也会使用一些传统绘画媒介与电脑混合使用。

杰森·布鲁克斯主要通过时尚插画表达人——现实的或想象中的人，并通过他们的服装、音乐及周围的环境来反映他们独特的个性。他的插画作品涵盖了时尚、建筑和旅游。杰森创作并绘制了获奖城市写生系列，包括伦敦、巴黎和纽约写生系列，伦敦维多利亚与艾伯特博物馆收藏了他的七十多幅时装插画和版画。

杰森·布鲁克斯自学生时代起就与伦敦结下了不解之缘，生活在伦敦的他，通过画笔描绘了他眼中的伦敦，他随身携带的素描本也记录了无数的伦敦街头风情。正是基于对身处城市和对生活的热爱，以及对周围人的生活细节的关注，让他持续不断地激发出艺术创作的热情，并成就了他自身简洁、明快、甜美的艺术风格（图1-11）。

图1-11 杰森·布鲁克斯作品

第二节 表现方法

一、风格类型

基于数字技术的不断进步，数码服装设计表现的风格类型得以向手绘表现的多样性方向扩展，除此之外，还具有图形图像合成处理的优势、矢量图形编辑处理的优势，这使其表达设计思维的奇思妙想更为便捷有利，具有独特的优势。

1.写实风格

用比较写实的方法绘制能够强调人物形象的逼真性。基于手绘板、数位屏以及图形图像处理软件等数字化产品的不断开发和改进，数码技术在表达写实性方面具有强大的优势。如图1-12（a）所示，写实风格注重面料肌理表达，能够逼真形象地直观再现穿着效果，是目前比较流行的数字化服装设计表现方法。当然，这一风格需要作者具有较为扎实、高超的绘画技巧。

如图1-12（b）所示，则在写实基础之上有一定的提炼和概括，作者将强光下的色调处理得轮廓分明，精简与细腻得当。基于数码软件的图形图像处理功能，这幅效果图是依据照片处理而来，这也是数码绘图技术处理的优势之一。

（a）作者：贾斯汀·弗洛伦蒂诺（菲律宾） （b）作者：平泽申洋（日本）

图1-12 写实风格作品

2.夸张风格

通过人物形象的局部或整体概括夸张，以获得强烈的视觉冲击效果，也是服装效果图表现中的常用风格。如图1-13（a）所示，运用Photoshop软件，通过简略的面部五官处理及丰富夺目的图案和色彩，创造了充满活力的、风格独特的装饰性夸张的效果。如图1-13（b）所示，通过对人体的形体夸张获得强烈的视觉冲击力，极具个人风格。

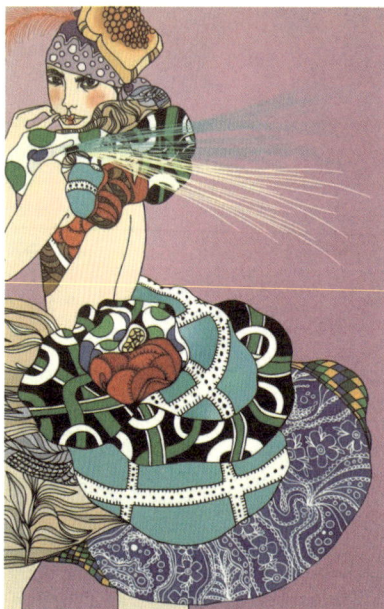

（a）作者：莉泽洛特·沃特金斯（瑞典）　　　　（b）作者：阿图罗·艾里纳（西班牙）

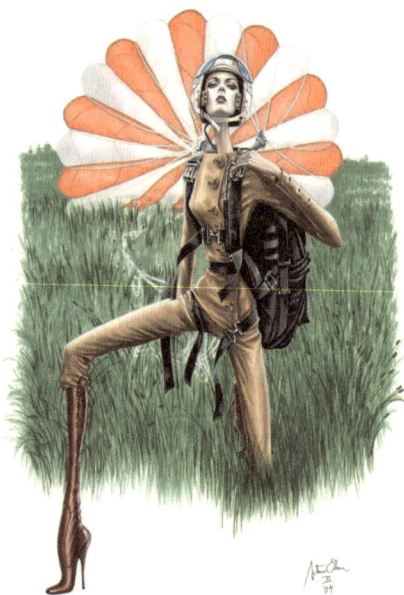

图1-13　夸张风格作品

3.留白风格

留白风格基于设计师、插画师在设计构思过程中的未完成状态，突出对比感，而不做精细全面的刻画。未完成的部分由观者自由想象在脑海中补齐其形象，虽然貌似不经意，但往往出于画面的需要刻意为之，其表现手法灵活但不松懈，自由但不失严谨，如图1-14所示。

（a）穿针引线网　　　　　　（b）作者：阿加塔·维尔兹比卡（英国）

图1-14　留白风格作品

4.动漫风格

动漫风格借用动漫绘画的概括程式化表达形式，从而获得较理想化的画面形象。动漫早已由低龄儿童的专属走向成人世界，动漫人物造型的处理较为理想化、概括精简，借用到服装中比较适宜表现戏剧化的或特定的主题氛围，如图1-15所示。

（a）作者：赵晓霞

（b）Mix全球化妆造型资讯平台   （c）作者：张茹梦

图1-15 动漫风格作品

5.装饰风格

装饰风格指采用抽象或具象的画面程式化处理，侧重一定的装饰性，通常运用简洁又富有表现力的色彩、线条以及装饰细节等设计元素进行表现，如图1-16所示。

（a）作者：马伦·薇杰玛（新西兰）　　　　　（b）作者：尤沙夫·阿利（印度尼西亚）

图1-16　装饰风格作品

6.未来风格

科幻及体现未来主题的服装设计风格历来引人注目，因此这一主题的服装绘图往往较多采用数字化技术加以表现。饱和的色彩、冰冷的金属感及富有想象力的细节设计是此类绘画的特点，图像合成技术也提供了较强的逼真效果，如图1-17所示。

（a）作者：米查·道巴克（加拿大）　　　　　（b）作者：阿图罗·艾里纳（西班牙）

（c）作者：畦润妍

（d）作者：李朔馨

图1-17 未来风格作品

事实上，数码服装设计表现风格多种多样，且与手绘创作密不可分，彼此相互启发借鉴，不断融会贯通。随着数字技术的发展，艺术家和绘画爱好者们不断尝试创新多种个性化的表现方法，其风格不一而足，往往无法归类并且加以综合运用。只有秉承开放的心态，多看、多思、多借鉴学习，才能逐渐找到适合自己的表现方式，形成一定的表达风格。

二、技术方法

1.塑造法

塑造法主要采用写实的处理方法，对人物着装进行塑造，精细描画，细腻写实。要求人体结构、比例和动态准确，服装面料质感表达真实。同时，线条讲究细致、丰富，用笔和用色讲究仿真，光影过渡要自然，一些微小的结构变化和光影变化都要交代清楚（图1-18）。

2.淡彩法

淡彩法是指采用模拟手绘淡彩的简约处理方法，会使画面呈现清新明快的效果。如图1-19所示用数码技术绘制的淡彩效果，人物形象具有准确的比例动态，而在着色处理上则使用手绘板模拟了淡彩的随机效果，呈现出手绘般的灵动效果。软件开发往往有强大的笔刷功能，可以模拟几乎所有手绘笔刷的笔触效果，如蜡笔、油画、水彩、水墨、油漆、喷枪等。

图1-18　塑造法作品（作者：Nick Lee）　　　　图1-19　淡彩法作品（作者：平泽申洋，日本）

3.平涂法

平涂法侧重饱满平均的色块处理，强调色块均匀及其色彩变化的规律性，间或以黑白灰等线条的穿插强调其间的对比关系，勾勒形体突出重点。这种方法比较基础，却十分见效。如图1-20所示，使用Photoshop软件绘制完成，线条简洁流畅，色调低沉淡雅，通过将光影效果概括化并转换成色块的平涂处理，表现了伦敦街头的时尚感。

4.勾线法

勾线法通过强调画面线条的软硬粗细对比及密集与舒缓的主次关系来增强效果图的整体形象，或黑白效果，或敷以淡彩，也是各类绘画图稿中的常用形式（图1-21）。平面款式图基本采用勾线法（图1-22）。

图1-20 平涂法作品（作者：格雷厄姆·伦韦斯特，英国）

图1-21 勾线法作品（作者：田欣悦）

图1-22 平面款式图

5.图像混合法

利用数字技术进行图形图像的混合处理，可以为画面增色不少。出于商业宣传目的的时装插画，使用图形图像处理进行效果混合也是常用方法（图1-23）。

系列名称：伊阿宋
取自古希腊神话中获取金羊毛的英雄（伊阿宋）
设计说明：灵感来源我的面料改造（羊毛、棉线、白坯布、旧纽扣）
以及从古希腊时期流行服饰中提取的廓形。
面料：白坯布、欧根纱

（a）作者：张茹梦

（b）作者：玛格达莱娜·克鲁斯辛思卡（波兰）

图1-23　图像混合法

● 本章小结

● 基于应用目的和表现形式不同，围绕服装设计任务而涉及的数码服装设计绘图，可大致分类为时尚插画、服装效果图、印花绘图以及平面款式图。

● 数码服装设计表现有快速表达设计效果，方便存储、修改和传送，其技术效果更为立体逼真。

● 从20世纪初至今，体现现代设计风格的服装效果图逐渐从绘画、插画等其他艺术形式中分离出来，日益形成宣扬时代风尚、体现流行设计理念的功能性特点，风格形式变化多样，商业价值凸显。

● 数码服装绘图的风格类型大致包括写实风格、夸张风格、留白风格、动漫风格、装饰风格、未来风格等。

● 数码服装绘图的技术方法大致可分为塑造法、淡彩法、平涂法、勾线法、图像混合法等。

● 思考题

1. 什么是数码服装设计表现？大致可包括哪几种常见形式？

2. 简述数码服装设计表现的几种风格类型。

3. 运用数字化技术绘图与手绘的关系是什么？其意义何在？

4. 你认为还有哪些本章没有提及的数码服装设计表现技术方法？举例阐述一下自己的认识。

理论实践一体

板绘服装效果图

- 课题名称 | 板绘效果图
- 课题内容 |
    1. 软件与工具
    2. 女性人体与基础着色
    3. 牛仔女装效果图
    4. 毛呢混纺女装效果图
    5. 中式婚礼服效果图
- 课题时间 | 30课时
- 教学目的 |

    使用Adobe Photoshop软件和手绘板绘制服装效果图，可以尝试多种面料肌理材质表现效果。通过本章学习，使学生理解掌握Adobe Photoshop绘制效果图的方法与技巧，学会绘制线稿、填充颜色、制作面料、绘制图案并进行效果图后期渲染制作，最终创作出理想的方案效果图。

- 教学方式 | 理论实践一体化教学
- 教学要求 |
    1. 了解Adobe Photoshop软件基本知识以及使用方法。
    2. 使学生掌握女性人体、基础着色、牛仔面料制作、服装上色、混纺毛呢面料制作与填充上色、中式图案绘制与配饰绘制的要领和步骤。
    3. 能够独自完成目标款式的服装效果图软件绘制。
- 课前准备 | 计算机，Adobe Photoshop软件安装；收集整理相应的服装服饰设计资料，阅读相关书籍。

第一节　软件与工具

一、Adobe Photoshop软件操作界面

Adobe Photoshop，简称"PS"，是Adobe 公司开发的一款功能强大、操作便捷、应用最广泛的图像设计软件，深受各行业设计师的青睐和推崇，也是服装设计师必须掌握的基础制图软件。本书以Adobe Photoshop 2021为例介绍（图2-1）。

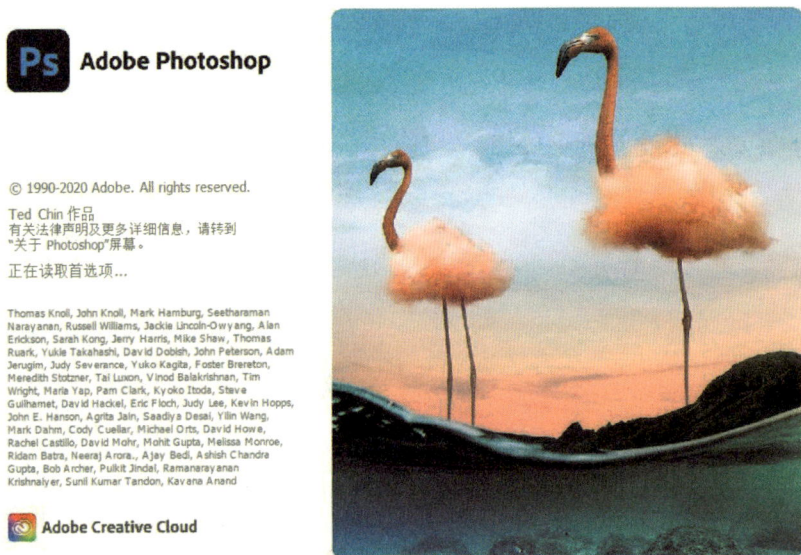

图2-1　操作界面

（一）Adobe Photoshop功能介绍

1.绘图功能

Photoshop具有强大的绘图功能，可以绘制出逼真的产品效果图，如各种卡通形象、人物、动物、植物和在生活中看到的所有事物。服装设计师可以利用手绘板，使用软件，绘制出设计效果图和款式图，并进行面料、图案和色彩的渲染，塑造真实立体的设计效果。

2.VI制作

使用Photoshop，可以设计出与服装产品相关的LOGO商标、产品包装、宣传海报、吊牌内签等各式各样的平面视觉作品。

3.图片处理

在 Photoshop 中，可以进行各种照片合成、修复和上色等操作。例如，服装款式拼贴、照片更换背景、人物更换发型、去除斑点、校正照片的偏色等。

（二）Adobe Photoshop工作界面

Adobe Photoshop 2021工作界面较以前版本的基础上没有太大变化，保持了各常用组件，主要包括：菜单栏、工具选项栏、工具箱、标题栏、状态栏、面板栏、文档窗口（图2-2）。

图2-2　Adobe Photoshop工作界面

1.菜单栏

菜单栏包括"文件""编辑""图像""图层""文字""选择"和"滤镜"等12个菜单项，用户可通过选择菜单项下的命令，来完成各种操作和设置（图2-3、图2-4）。

2.工具选项栏

工具选项栏位于菜单栏下方，在左侧选择了相应的工具箱中的工具后，工具选项栏会显示该工具的相关设置选项，可以使用其相关功能，工具选项栏会根

图2-3　菜单栏

图2-4　菜单栏"滤镜"下拉菜单

据所选择工具的不同而改变（图2-5）。

3.工具箱

执行"窗口→工具"命令，可以显示或者隐藏工具箱（图2-6）。Photoshop工具箱中的工具极为丰富，其中许多工具都非常有特点，使用这些工具可以完成绘制图像、编辑图像、修饰图像、制作选区等操作。

4.标题栏

标题栏位于文档窗口上方，显示图像文档窗口的名称、文件格式、窗口缩放比例及色彩

图2-5 "多边形套索工具"选项栏

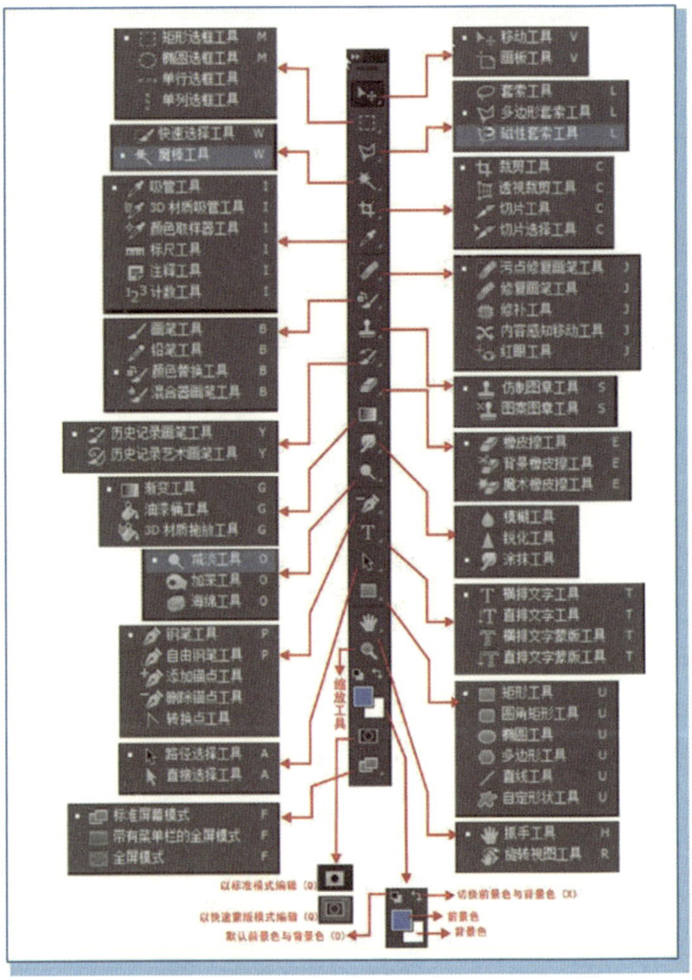

图2-6 工具箱

模式等信息。如果文档中包含多个图层，标题栏还会显示当前图层的名称（图2-7）。

5.状态栏

状态栏位于窗口最底部，它能够提供当前文件的显示比例、文件大小、内存使用率、操作运行时间、当前工具等提示信息。在显示比例区的文本框中输入数值，可改变图像窗口的显示比例（图2-8）。

图2-7 标题栏

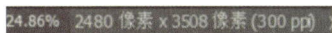

图2-8 状态栏

6.面板栏

面板栏包括常用的色彩、属性和图层及历史记录工具，可根据具体操作帮助我们编辑图像。也可以通过"窗口"来增加和减少面板（图2-9）。

7.文档窗口

当前操作的图像为将要或正在用 Photoshop 进行处理的对象，是最主要的应用区域，用于显示和编辑图像区域（图2-10）。

图2-9 面板栏"颜色"
和"图层"

图2-10 当前操作文档窗口

二、Adobe Photoshop CC常用概念

（一）位图与矢量图

位图图像与矢量图形是服装设计师在绘制设计图的过程中，都会遇到的两类图像文件，因此，了解这两类图像文件的特点对于设计过程具有非常重要的意义。

1.位图与分辨率

位图图像以像素构成，可以表达色彩丰富、过渡自然的效果（图2-11）。位图的缺点是在保存图像时，计算机需要记录每个像素点的位置和颜色，所以，图像像素点越多，分辨率越高，图像越清晰，而文件所占硬盘空间也越大，在处理图像时计算机运算速度也就越慢（图2-12）。

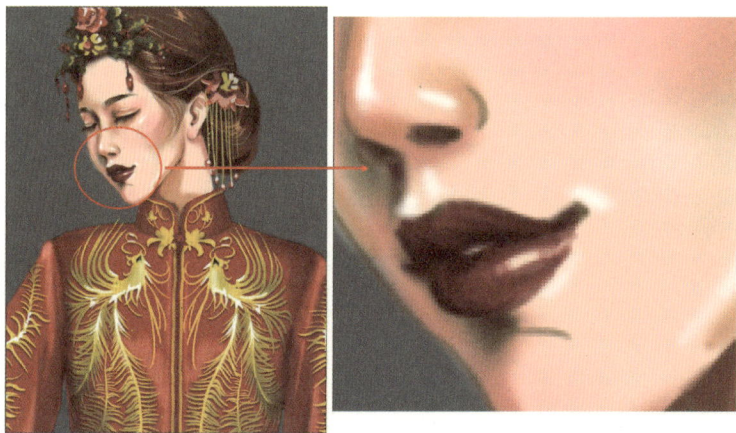

图2-11 位图

（a）100像素/英寸　　　　　（b）30像素/英寸　　　　　（c）10像素/英寸

图2-12 分辨率对比

2.矢量图

矢量图形是一种以数学公式来定义线条和形状的文件，这种文件适用于保存色块和形状感明显的视觉图形，这些对象的线条光滑、流畅，放大观察矢量图形时，可以看到线条仍然保持良好的光滑度及比例相似性（图2-13）。

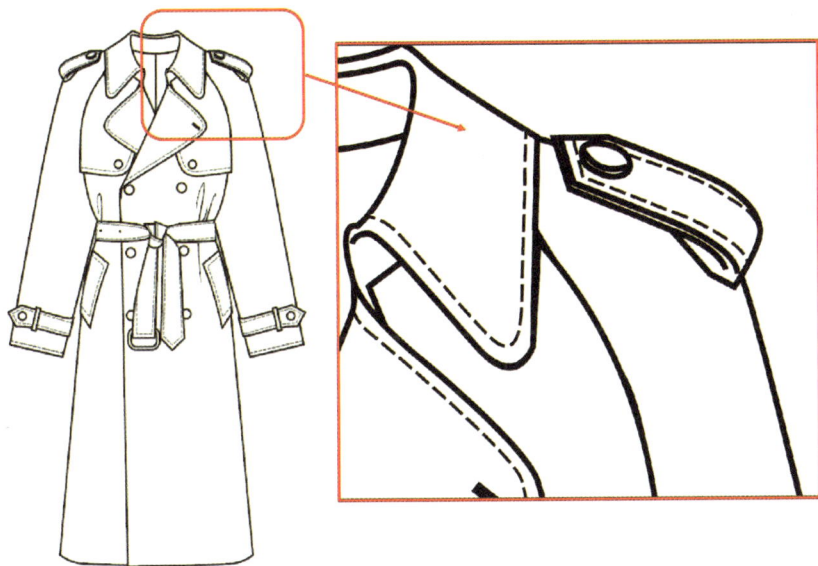

图2-13 矢量图

3.路径与形状

路径是使用贝塞尔曲线所构成的闭合或开放的曲线线段（图2-14）。

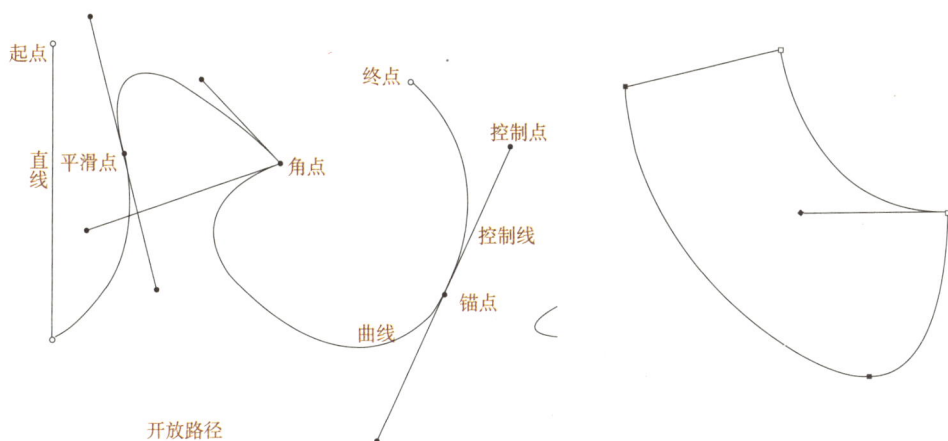

图2-14 路径与闭合的形状

闭合的路径构成一个形状，但形状不等于路径，是相当于路径、填充、描边的叠加过程，是图像的一部分（图2-15）。

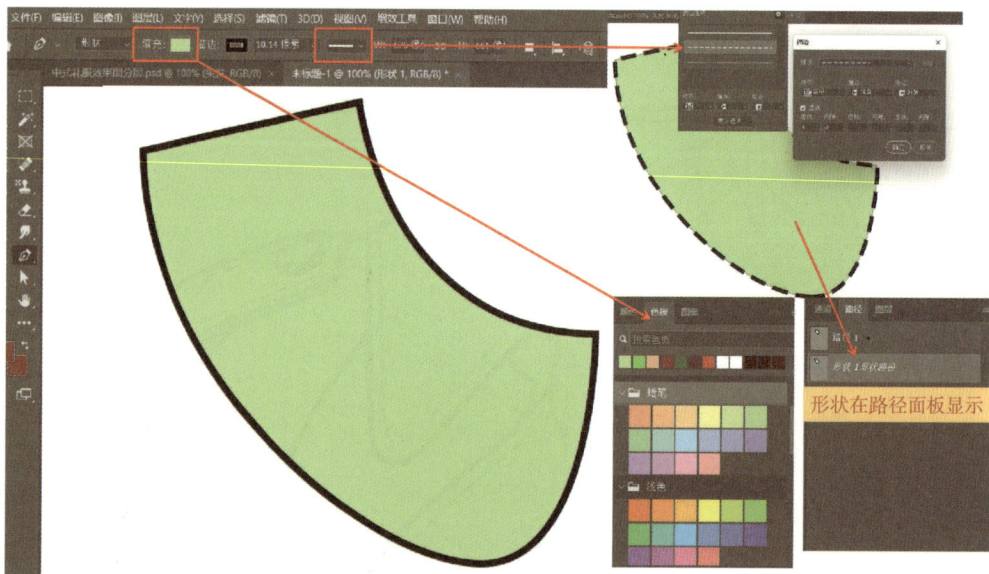

图2-15　置换形状颜色、线条

（二）色彩模式、图像格式与选区

1. 色彩模式

不同色彩模式应用不同领域。RGB颜色模式主要应用于显示设备，CMYK颜色模式主要应用于印刷行业，LAB、HSB颜色模式主要用于色彩调整。

2. 图像格式

图像文件格式是记录和储存影像信息的格式。主要包括固有格式PSD、应用软件交换格式EPS DCS Filmstrip、专有格式GIF BMP PCX PDF PICT PNG TGA、主流格式JPEG TIFF等。

3. 选区

选区是通过各种选区绘制工具在图像中提取全部或部分区域，在图像中呈虚线显示。可进行移动复制、填充形状、处理保护图像等作用（图2-16）。

图2-16　选区

（三）图层

图层在软件操作中非常重要，许多渲染效果可通过图层来进行。例如，一件完整的服装设计效果图，最基本的图层包括线稿图层、人体图层、服装底色图层、阴影效果图层和配饰配件图层等，设计师可以在不同的图层进行绘制、修改和编辑（图2-17）。

图2-17 图层

三、手绘板

选择一款合适的手绘板，一般主要考虑压感级别、板面大小、读取速度及分辨率四个方面的性能（图2-18）。

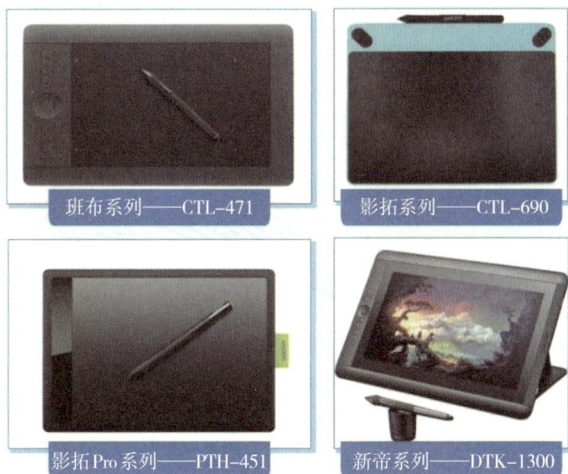

班布系列——CTL-471　　影拓系列——CTL-690

影拓Pro系列——PTH-451　　新帝系列——DTK-1300

图2-18 常用的手绘板品牌与型号

当连接手绘板时，软件中的画笔会出现具有压感的笔触选项，压感级别越高，就越能感应到细微的不同（图2-19）。

1.板面大小

板面大的手绘板，能让操作者有更真实和游刃有余的绘画体验。现在市面上的手绘板基本可以满足效果图绘制的板面大小。

2.分辨率

常见的手绘板分辨率为2540lpi、3048lpi、4000lpi、5080lpi。分辨率越高，绘画精度越高。

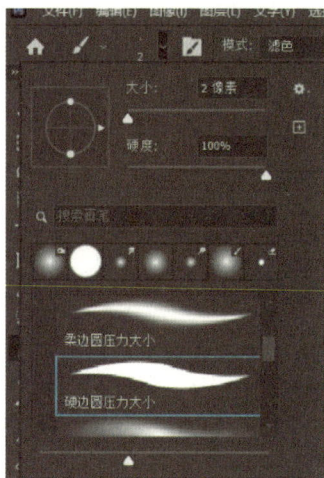

图2-19 有压感的画笔笔触

第二节 女性人体与基础着色

一、放置辅助工具以及检查绘图工具

1.案例分析

使用Photoshop进行人体绘制比传统手绘更加方便、快捷和直观，我们可以利用图层、画笔等工具进行描摹，反复修改和编辑，完成人体线稿绘制。

选择案例有以下要求：

（1）着装简单且贴体——把握人体曲线。

（2）人体动态幅度较大——把握人体动态。

（3）典型性五官与发型——便于五官、发型临摹。

如图2-20所示的模特为正面走姿动态，基本符合以上要求，除此之外，可尽量选择无肩袖、无裤腿的短裙或打底类走秀服装，能更加快捷、方便地进行人体线稿绘制。

2.重点工具应用

使用Photoshop进行人体绘制，主要使用"图层"面板新建画布，保证线稿图层、案例图层与背景图层的

图2-20 女性人体案例图片

层次分开，其次，使用"画笔"工具勾勒线条（图2-21、图2-22）。

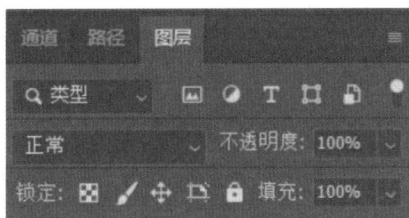

图2-21 "图层"面板功能区

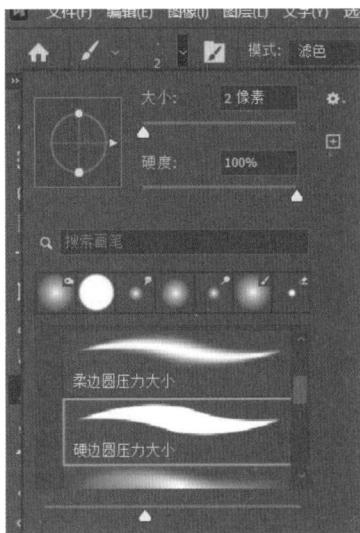

图2-22 "画笔"工具下拉栏

3.操作步骤

（1）新建画布，选择A4竖版纸张，默认白色背景。

（2）打开文件，在"图层"面板添加图层，重命名为"线稿"图层。

（3）划分比例，点击菜单栏"窗口"，显示"标尺"，水平平均划分为九格，代表模特九头身，如图2-23所示。

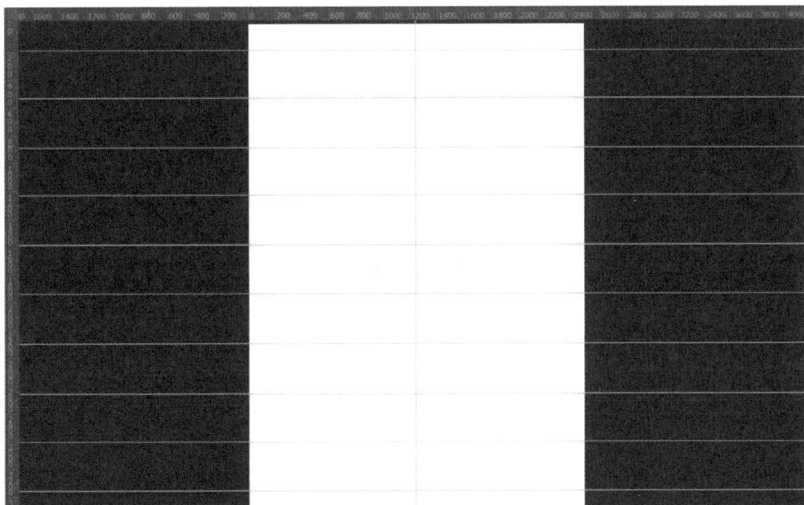

图2-23 "标尺"平均划分9格

（4）选择"画笔"→"硬边圆压力大小"笔触，再选择肉棕色作为画笔颜色（图2-24），参考数据如图，也可自己根据模特肤色自行调整。

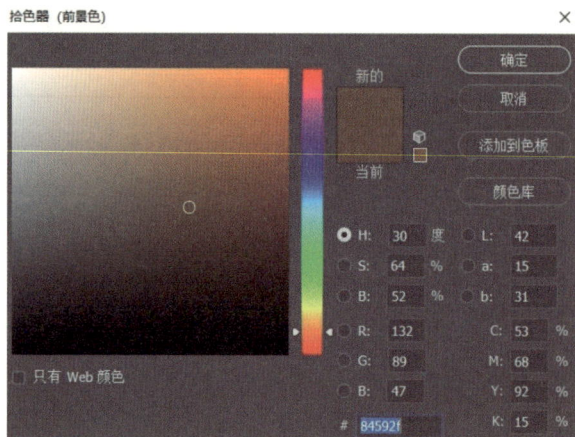

图2-24　肉棕色数据参考

（5）选择"线稿"图层，按照三停五眼，勾勒头部轮廓和五官比例（图2-25）。

（6）继续"线稿"图层，基于九头身，画出走姿体块动态，注意动态的对立式平衡，重心保持稳定（图2-26）。

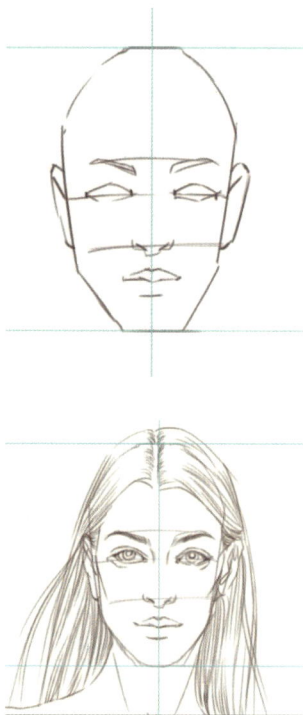

图2-25　勾勒头部轮廓和五官比例　　图2-26　身体结构与动态

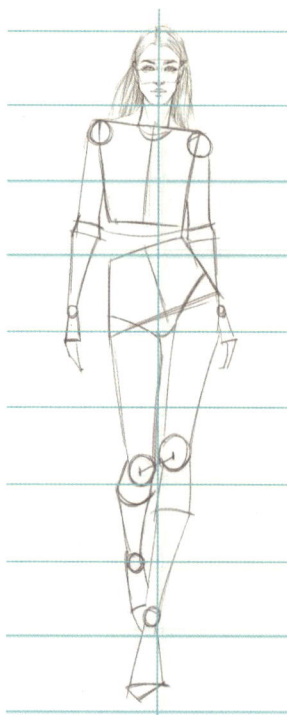

（7）继续勾勒，基于人体体块动态连接身体曲线，待全身线稿完成之后，使用"橡皮擦"工具修正线条和形体边缘，完成人体线稿绘制（图2-27）。

二、发型、五官与人体上色

1.案例分析

完成人体线稿后，继续进行发型、五官与人体上色，颜色选择和阴影区域可参考案例图片中的模特，也可根据自己喜好进行调整（图2-28）。

2.重点工具应用

本小节任务主要内容为人体上色，使用"硬边圆压力大小"画笔绘制转折较为明显、区域较小的阴影部位，使用

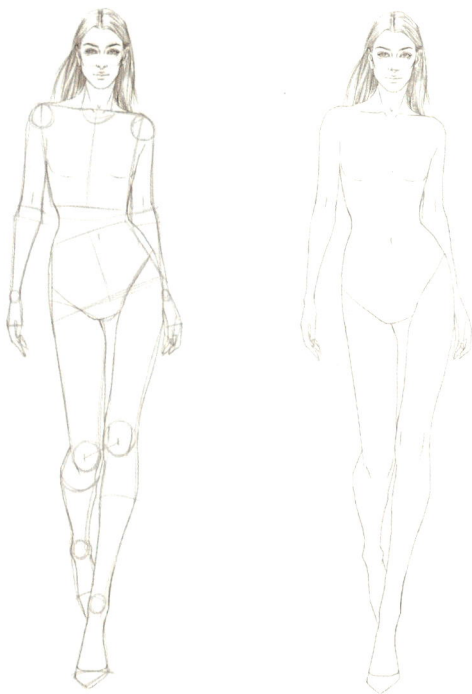

图2-27 完成人体线稿

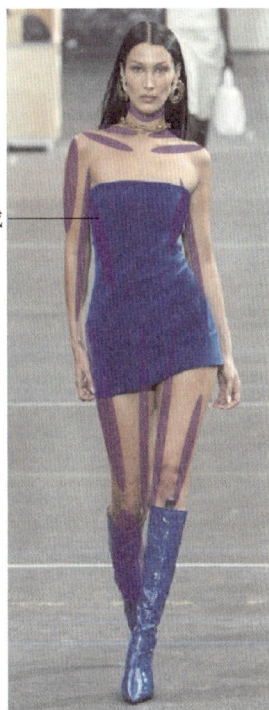

阴影绘制区域

图2-28 阴影区域参考

"柔边圆压力大小"画笔，绘制过渡缓和、区域较大的阴影部位，最后使用"涂抹"工具柔化颜色边缘，形成缓和过渡和渐变效果（图2-29）。

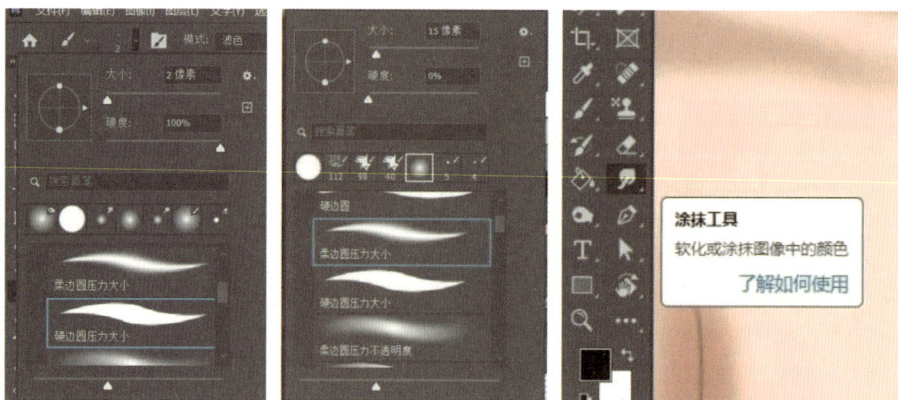

图2-29　画笔与涂抹工具

3.操作步骤

（1）皮肤底色铺色。新建"肤色图层"置于线稿图层下方，调出皮肤底色，参考数据如图2-30所示，使用画笔工具于"肤色图层"平铺上色。

图2-30　肤色RGB数据参考

（2）人体阴影上色。调出人体肤色不同程度的暗部色调，参考数据如图2-31所示，使用"柔边圆压力大小"画笔进行区域上色。

（3）颜色涂抹过渡。人体上色全部完成后，使用"涂抹"工具将深浅色进行涂抹柔和，弱化颜色痕迹，使颜色过渡更加柔和（图2-32）。

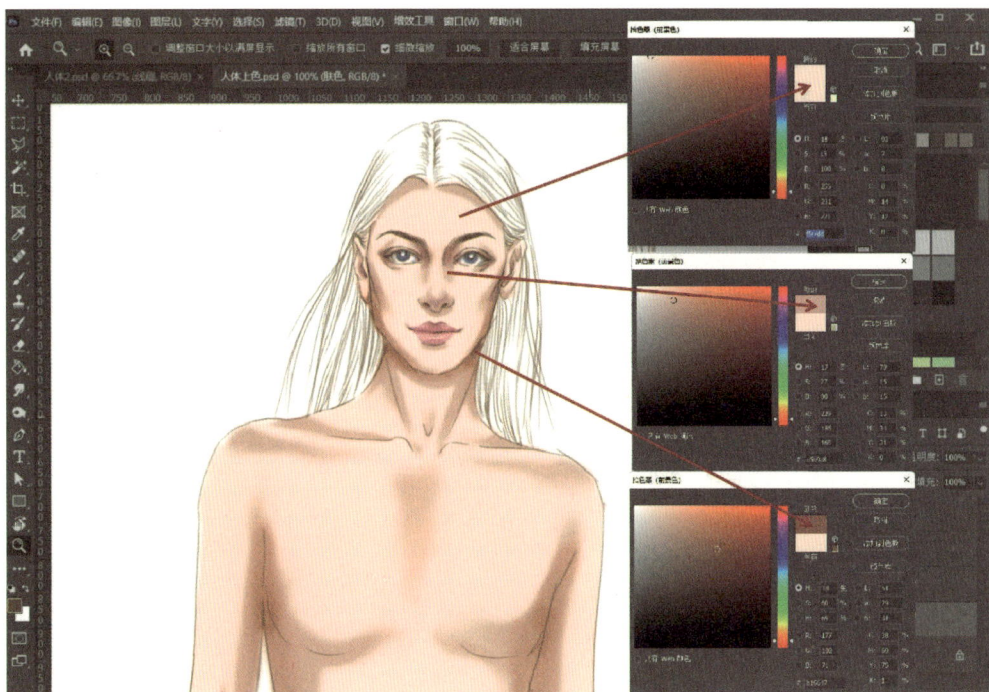

图2-31 肤色阴影部位RGB数据参考

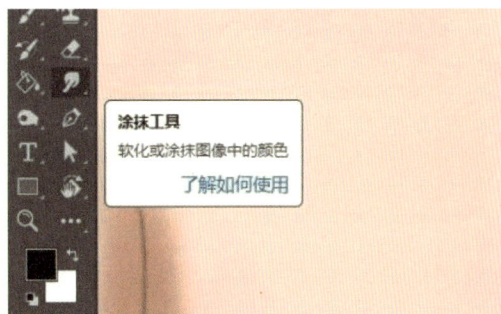

图2-32 "涂抹"工具

（4）头发上色。新建"头发"图层置于"线稿"图层下方、"肤色"图层上方，选择浅棕色平铺底色，再使用同色系较深颜色画出暗部区域，塑造体感（图2-33）。

（5）亮部及细节刻画。新建"刻画"图层置顶，首先选择白色，将画笔"不透明度"调至50%，使用"硬边圆压力大小"画笔，将脸部的眼睛高光、鼻头、颧骨和下唇亮部依次提亮。其次，将头顶部分、身体锁骨、膝盖等处依次提亮，强化人体整体的立体感（图2-34）。人体效果图完成，如图2-35所示。

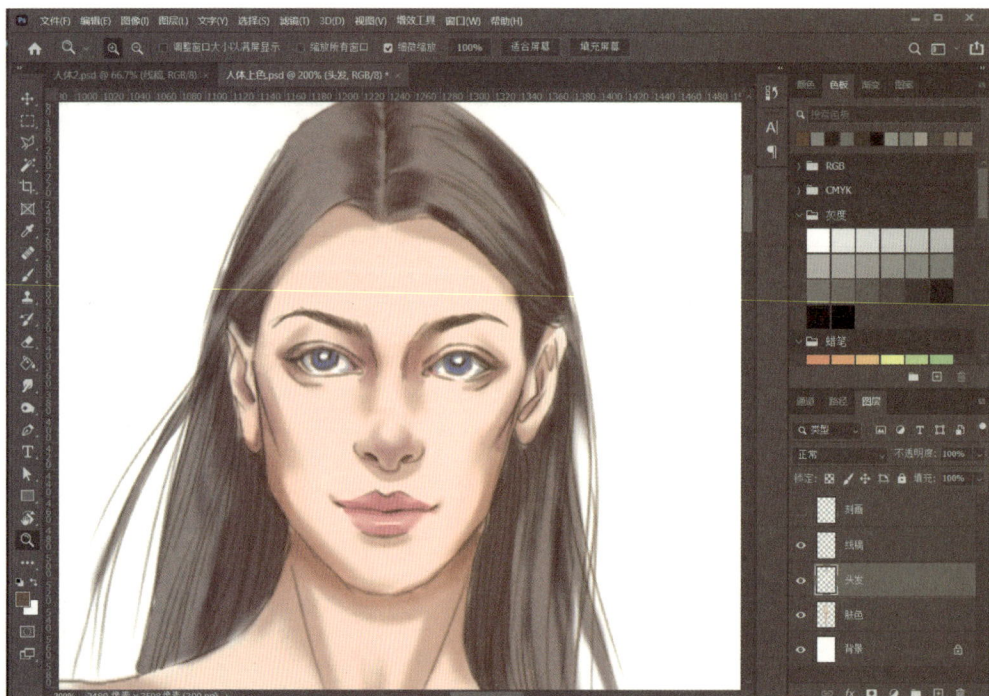

图2-33 头发上色

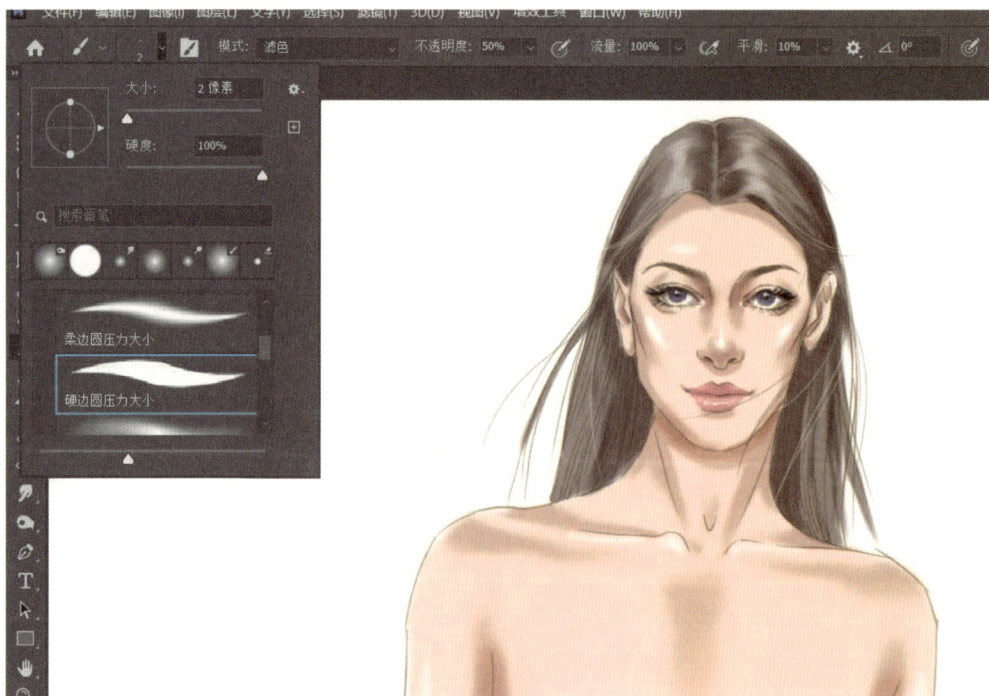

图2-34 亮部刻画

三、牛仔休闲风格款式线稿着装图

1.案例分析

基于已完成的女人体效果图，我们首先选择一款牛仔材质休闲装图片，作为接下来的款式线稿绘制（图2-36）。

牛仔材质的服装有以下几个绘制特点：

（1）多采用直线条表现挺阔造型。

（2）绘画时快速果断，线条干净有力度。

（3）款式细节符合牛仔装工艺细节，如绗缝线迹、工字扣等。

图2-35　人体效果图完成　　　　图2-36　牛仔款式案例图片

2.重点工具介绍

款式线稿的绘制，主要使用"硬边圆压力大小"画笔工具与"橡皮擦"工具，画笔用来拓画线稿，橡皮擦需要擦除人体被遮盖的部分，因此，人体绘制的所有图层均要合并（图2-37）。

图2-37 画笔与橡皮擦工具

3.操作步骤

（1）合并人体所有图层为"人体"新图层（图2-38）。

（2）新建"线稿"图层，置于"人体"图层上方，调出牛仔蓝色，使用"硬边圆压力大小"画笔，根据案例图片勾勒服装款式（图2-39）。

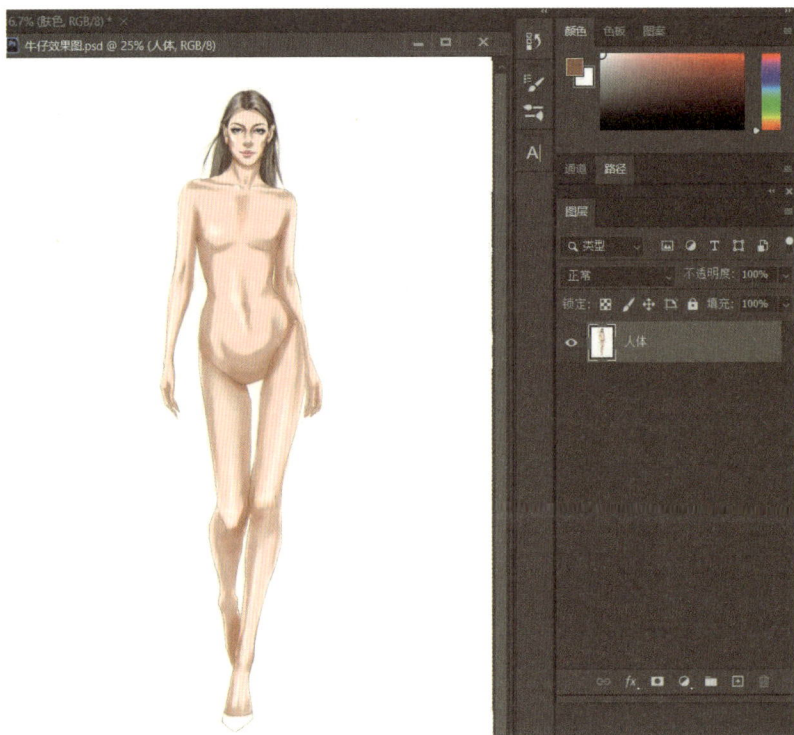

图2-38 合并图层

（3）橡皮擦除，选择"橡皮擦"工具，擦除"人体"图层中被款式遮盖的人体部位，完成线稿（图2-40）。

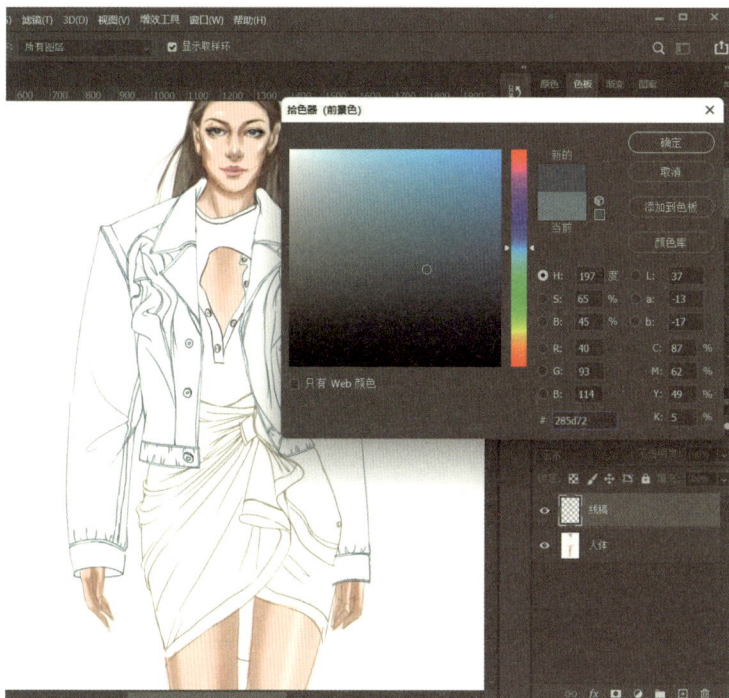

图2-39 选色并勾勒线稿

图2-40 款式线稿效果图完成

第三节 牛仔女装效果图

一、牛仔面料肌理制作并填充

1.案例分析

牛仔面料材质表现是本次案例绘制的重点内容，牛仔面料质感粗糙具有颗粒感，因此需要提前制作面料小样。案例参考图片选择了夹克式短款牛仔上衣，牛仔面料质感表现出深浅不一的水洗效果，需要一定的对比反差上色来凸显这一特征（图2-36）。

2.重点工具运用

牛仔女装效果图首先要制作和处理面料小样，因此使用到了菜单栏里"滤镜"→"滤镜库"命令（图2-41、图2-42）。

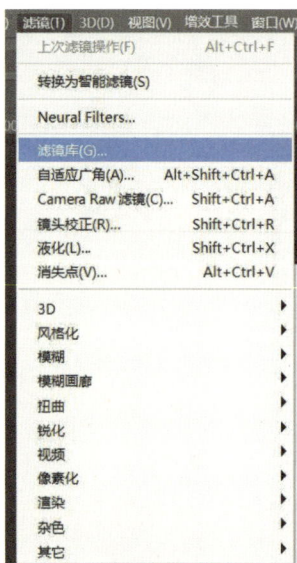

图2-41 "滤镜"→"滤镜库"
命令

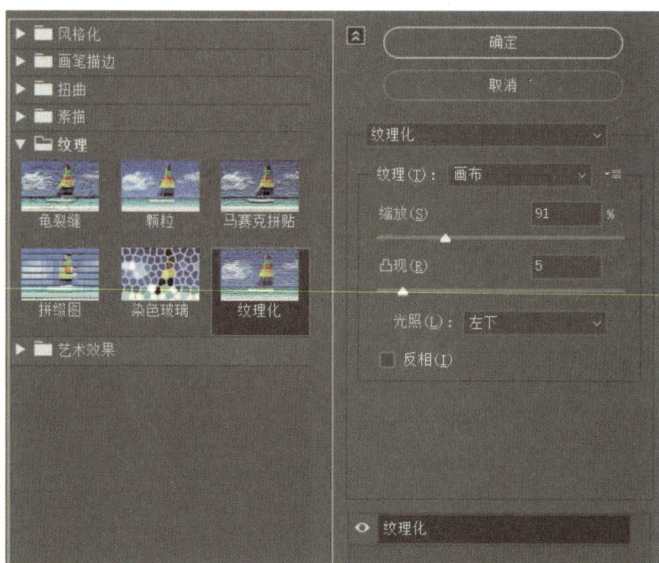

图2-42 打开"滤镜库"

　　面料的插入区域的选择，需要使用工具栏里"多边形套索工具"建立选框，继而进行面料平铺（图2-43）。

　　除此之外，绘图和修图仍然大量使用"画笔"和"橡皮擦"工具，最终不断调整颜色，完成最终效果图。

3.操作步骤

（1）新建画布。尺寸大小参考4cm×7cm，像素300。

（2）填充背景。调出牛仔蓝，数据如图2-44所示。

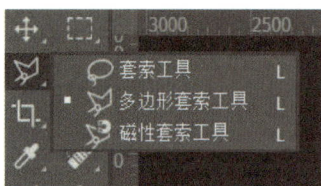

图2-43 多边形套索工具

图2-44 "牛仔蓝"底色数据

（3）滤镜处理。打开菜单栏的"滤镜"→"滤镜库"，选择"纹理"→"纹理化"（图2-45），纹理化数据如图2-46所示。

图2-45 "滤镜库"→"纹理化"界面

（4）保存画布。命名为"牛仔面料小样"，牛仔面料效果制作完成（图2-47）。

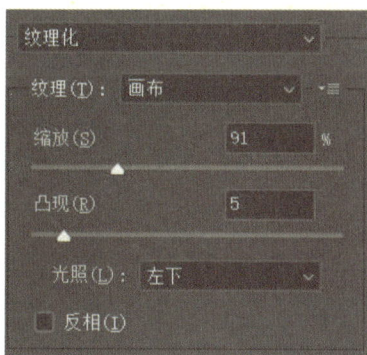

图2-46 "滤镜库"→"纹理化"命令与数据　　图2-47 牛仔面料小样

（5）款式框选。打开应用案例1—任务3的牛仔款式线稿（图2-36），将牛仔面料小样复制图层；使用工具栏中的"多边形套索工具"，快速框选牛仔款式部分，直到选区闭合框选完成，呈现"蚂蚁线"动态效果（图2-48）。

（6）删除面料。将鼠标放置于选区内，点击右键下拉菜单→选择反向（图2-49）。点击面料小样图层，按Delete快捷键，删除款式区域外多余面料，完成款式面料平铺效果（图2-50）。

（7）阴影上色。基于面料小样底色，选择不同深浅的牛仔色系，画出阴影，塑造立体光影效果，颜色数据如图2-51所示。

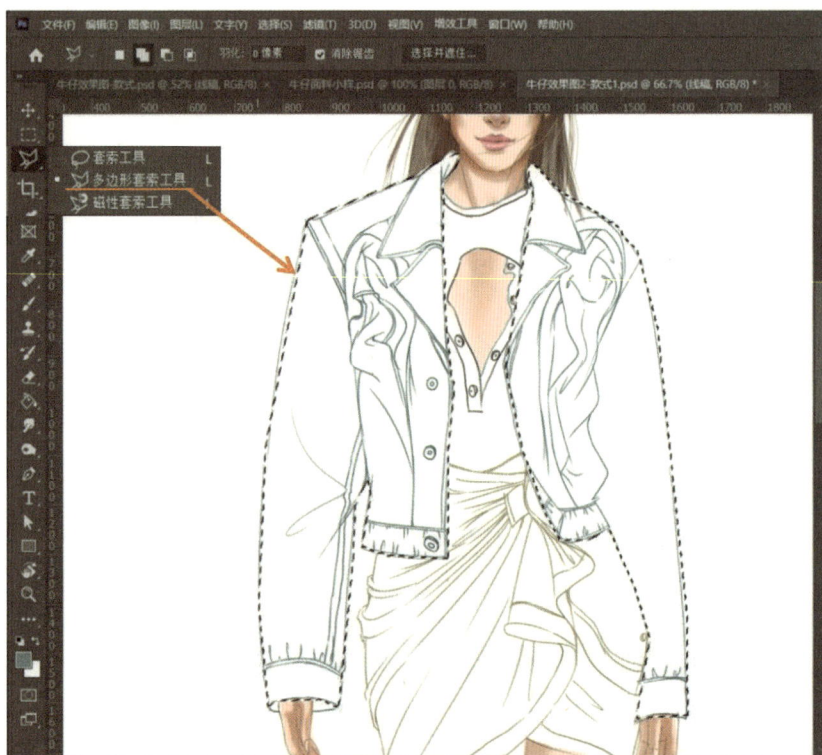

图2-48　框选牛仔女装款式部分

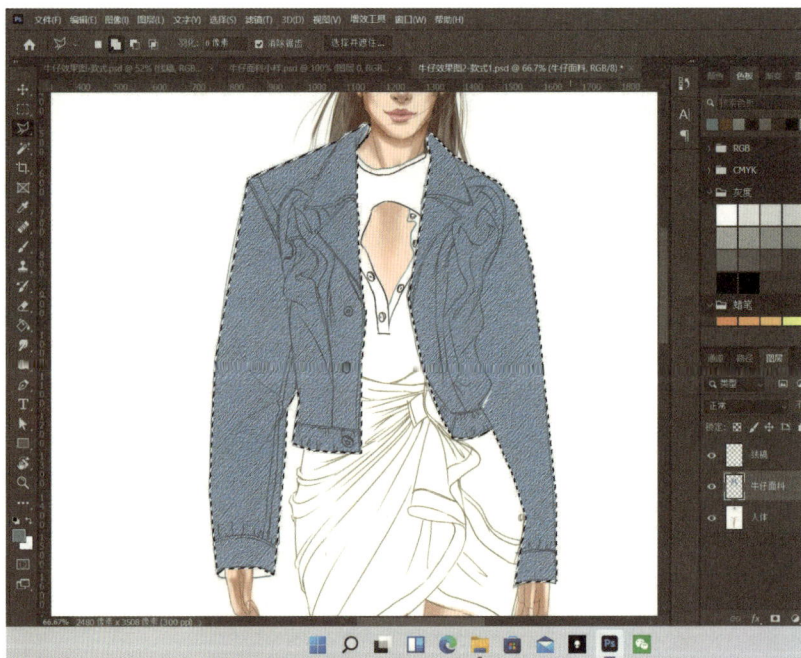

图2-49　选择反向

图 2-50　款式面料平铺完成

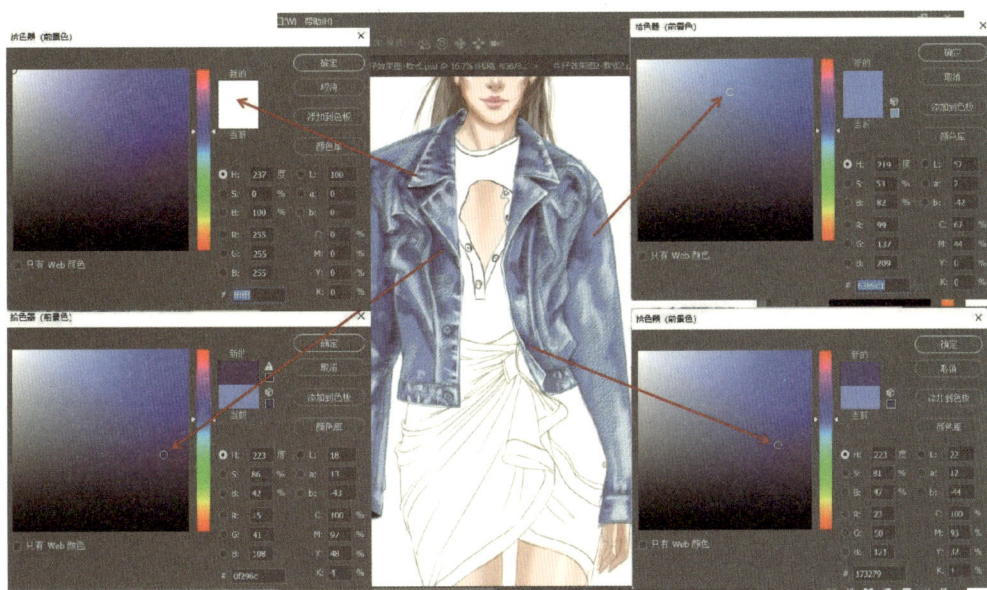

图 2-51　牛仔上衣阴影配色

图2-52　牛仔上衣阴影上色

（8）阴影绘制。上色过程需仔细观察案例图片中牛仔肌理、褶皱结构和光影变化，使用硬边圆画笔完成阴影上色（图2-52）。

二、针织打底衫与裙子上色

1.案例分析

如图2-53所示案例，除牛仔上衣外，内搭款式为黑色细螺纹针织衫，下身为常见棉质郁金香形超短裙，整体上虽以牛仔材质表现为主，但针织和褶皱效果也要充分表现出特有的肌理与质感。

2.重点工具介绍

针织打底衫纹理清晰，可直接使用"硬边圆画笔"工具，手绘画出细条纹，针织粗糙的质感可使用菜单栏中"滤镜"→"风格化"→"风"来增强特殊效果（图2-54）。裙子主要使用工具栏中"油漆桶"工具进行填充，再使用"柔边圆画笔"工具画出阴影即可。

3.操作步骤

（1）新建"针织螺纹"图层，置于服装图层之下、人体图层之上，深灰色填充底色，再调出黑色，使用"硬边圆画笔"工具，沿打底衫褶皱起伏绘出螺纹纹理，呈条纹状。

图2-53　针织打底衫与裙子上色案例分析

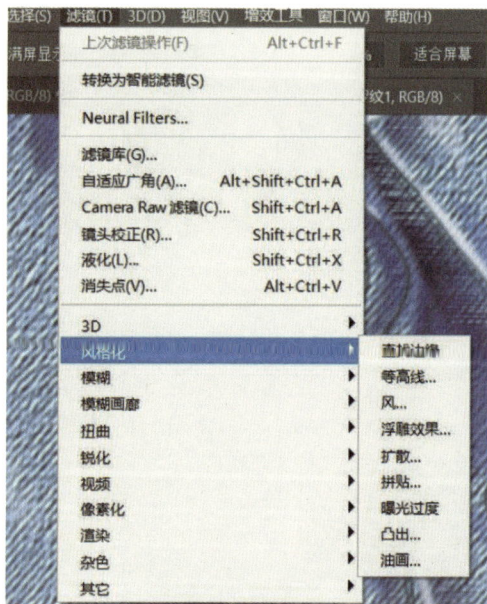

图2-54　"滤镜"→"风格化"→"风"命令

（2）选中"针织螺纹"，打开菜单栏中"滤镜"→"风格化"→"风"，使条纹图形增加粗糙感（图2-55）。

（3）新建"裙子图层"，使用"多边形套索工具"框选裙子部分，再使用"油漆桶"工具填充底色，最后使用"柔边圆画笔"工具画出阴影，上色数据参考如图2-56所示。

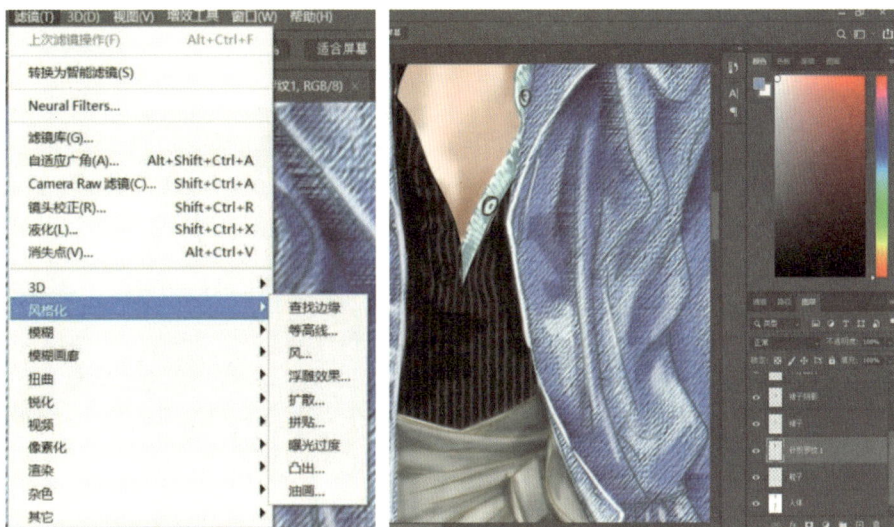

图2-55 "滤镜"→"风格化"→"风"命令与效果

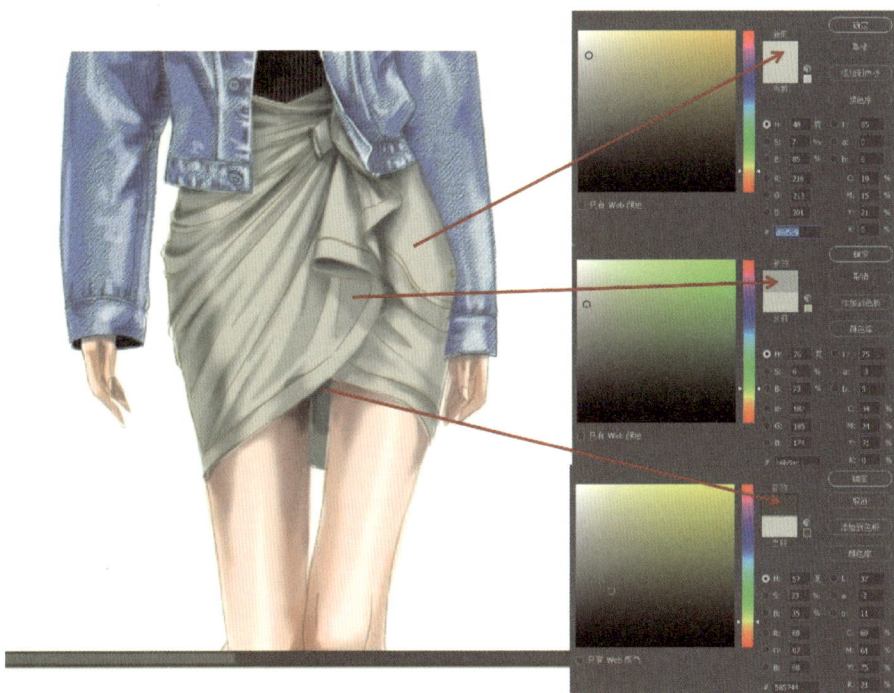

图2-56 裙子上色数据

三、配饰上色与整体刻画

1.案例分析

本案例的配饰配件包括耳饰与高跟鞋。耳饰的造型、质感、色泽基本参考案例实物图片，可适当夸张和简化（图2-57）。高跟鞋可参考案例实物图片的底色，简化造型结构为净面漆皮质感（图2-58）。

图2-57　耳饰造型

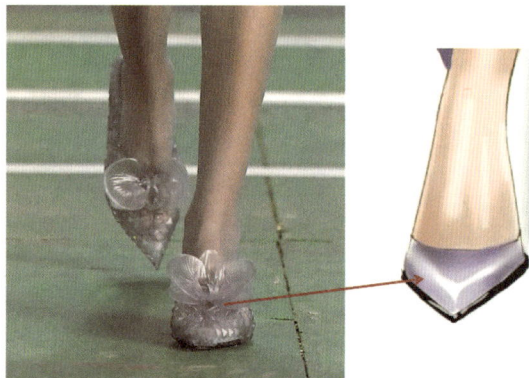

图2-58　鞋子简化设计

2.重点工具运用

绘制耳饰和高跟鞋主要使用"硬边圆画笔"工具绘制结构和上色。背景的简易渲染使用"硬边圆压力不透明度"工具，大像素（笔触）轻扫几笔即可（图2-59）。

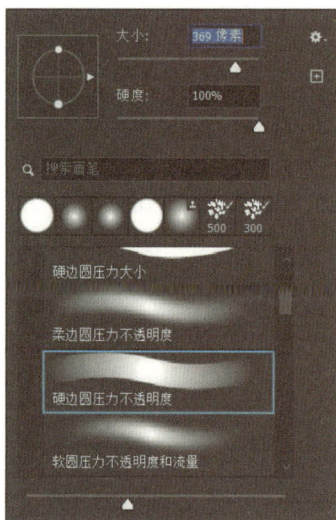

图2-59　"硬边圆压力不透明度"
笔触效果

3.操作步骤

（1）耳饰绘制。新建图层"耳饰"置于顶层，先调出底色紫灰色，使用"硬边圆画笔"画出耳饰形状，对照案例图片耳饰的暗部用黑色画出所有暗色，最后使用白色提亮高光，完成耳饰绘制（图2-60）。

（2）高跟鞋绘制。新建图层"鞋子"置于"人体"图层之上即可。使用"硬边圆画笔"工具平涂鞋子前足三面结构，结构示意图如图2-61所示，最后使用"涂抹"工具柔和边缘（图2-62）。

（3）背景渲染。新建"背景"图层置于底层，调出灰紫色，使用"硬边圆压力不透明度"笔触，将笔触像素调至500左右，斜45°快速轻扫画出背景笔触（图2-63）。

图2-60　耳饰绘制

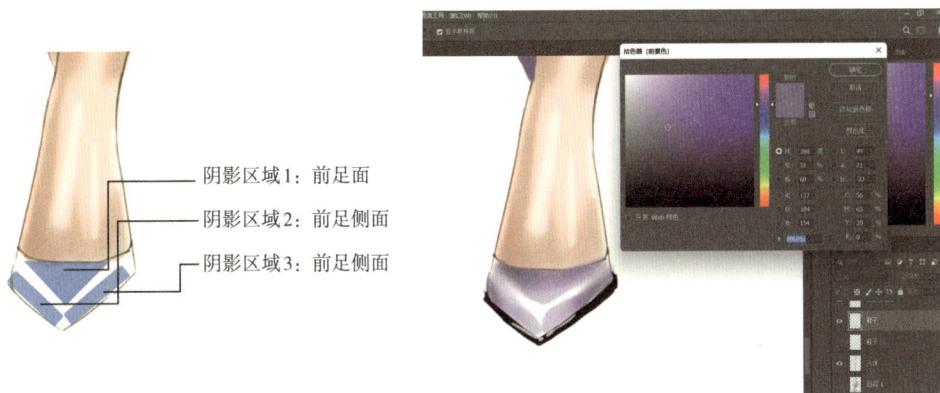

阴影区域1：前足面
阴影区域2：前足侧面
阴影区域3：前足侧面

图2-61　鞋子前足三面结构

图2-62　高跟鞋上色

（4）地面阴影。将笔触像素调至80左右，沿鞋底部位置，水平横向左右反复轻扫，绘制出地面阴影效果，使用"加深"工具反复加深鞋周围颜色，强调地面阴影的明暗变化，完成效果图（图2-64）。

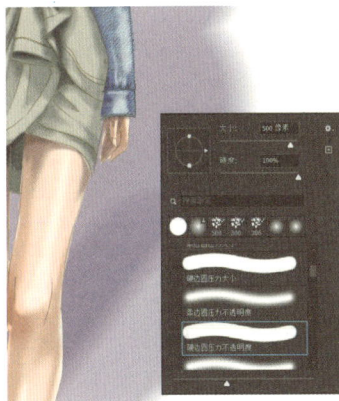

图2-63　背景渲染笔触

图2-64　地面阴影与最终效果

第四节　毛呢混纺女装效果图

一、款式绘制与发型调整

1.案例分析

案例如图2-65所示，服装为典型毛呢混纺套装，可通过不同色相的纱线表现面料材质的错落感和层次感，在服装结构边缘采用抽纱手法，丰富服装材质视觉效果。本案例采用提前绘制面料小样、后期插入面料图层并上色的手法进行刻画，最终完成毛呢混纺材质整体表现。

2.重点工具运用

服装廓型、款式绘制和发型的修改，主要运用"硬边圆压力大小"画笔与"橡皮擦"等常用绘图工具完成。

3.操作步骤

（1）廓型绘制。新建"毛呢混纺女装"画布，A4大小，插入案例1的人体效果图作为人体图层，再新建"款式"图层置于人体图层之上（图2-66）。根据本案例图片，绘制毛呢混纺款式廓型（图2-67）。

（2）款式绘制。根据本案例图片中的款式、结构，画出口袋、领边、褶皱等，在廓型基础之上完善款式细节（图2-68）。

（3）发型修改。回到人体图层，使用橡皮擦工具擦除原始长发，留下脸部效果，再选择深棕色勾勒出编发与后背式发型轮廓（图2-69），最后使用同色系的较深和较浅颜色画出阴影，塑造体感，完善发型部分（图2-70）。

图2-65　毛呢混纺女装案例

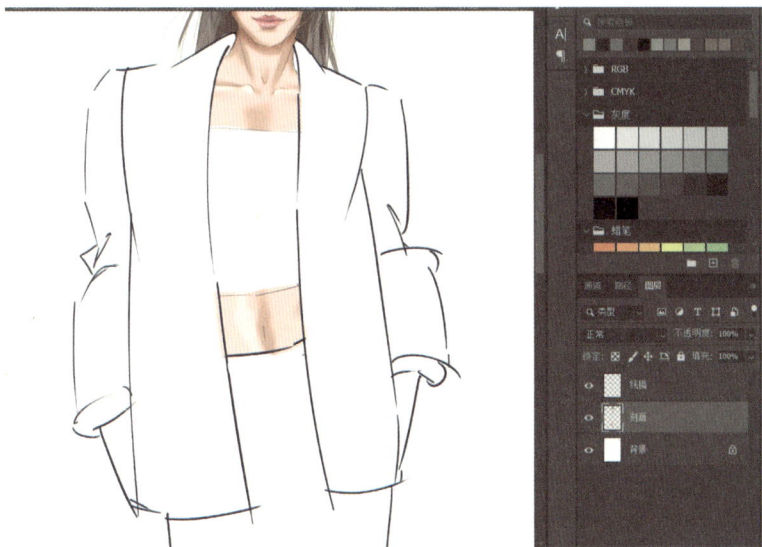

图2-66　新建"款式"图层绘制廓型

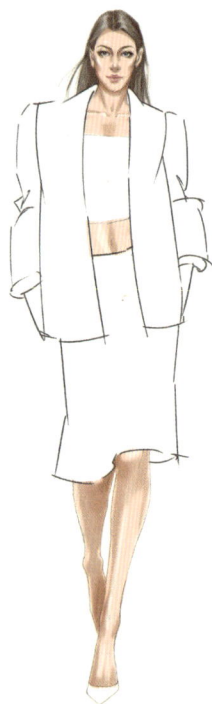

图2-67　廓型绘制效果

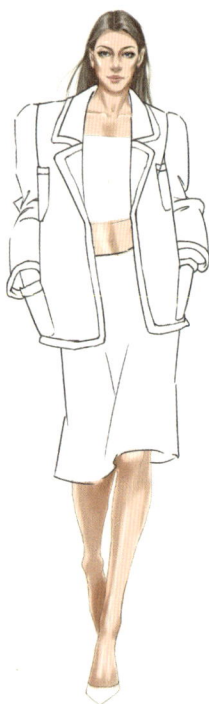

图2-68　款式细节绘制

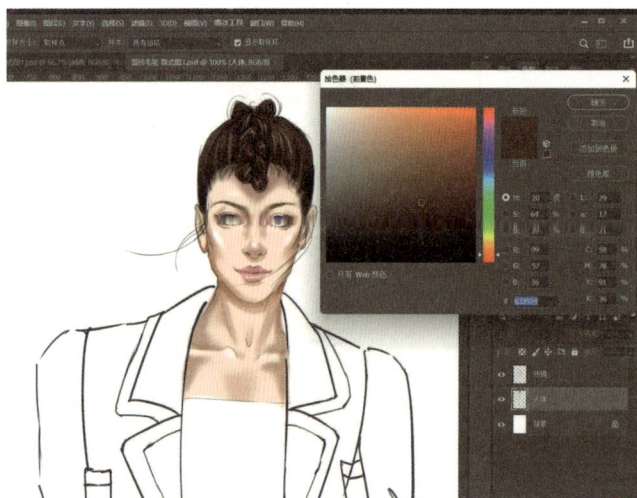

图2-69　选择棕色绘制

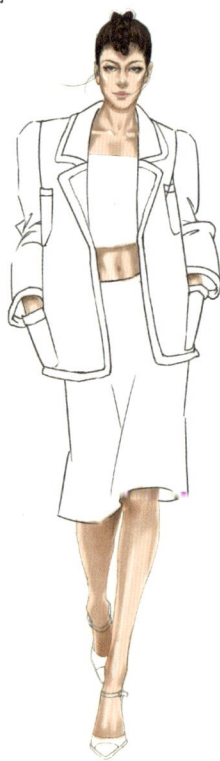

图2-70　发型修改后效果

二、面料制作与填充

1.案例分析

本案例的毛呢混纺材质分两种组织效果——平纹组织效果和抽纱效果（图2-71），分别提前制作两种类型的面料小样，最后填充到款式线稿当中。

2.重点工具运用

绘制毛呢混纺女装效果图，首先，使用工具栏的"矩形选框"工具进行图形搭建（图2-72）；其次，选择图层样式（图2-73）增加投影效果，表现层次感；最后使用菜单栏中"滤镜"→"扭曲"→"波纹"命令（图2-74），进行特殊效果叠加，最终生成面料小样基础效果，抽纱效果可以利用工具栏的"图案图章"工具（图2-75），完成所有边缘的抽纱设计效果。

图2-71　面料分析

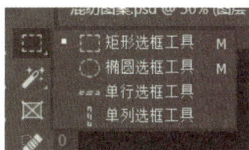

图2-72　"矩形选框"工具

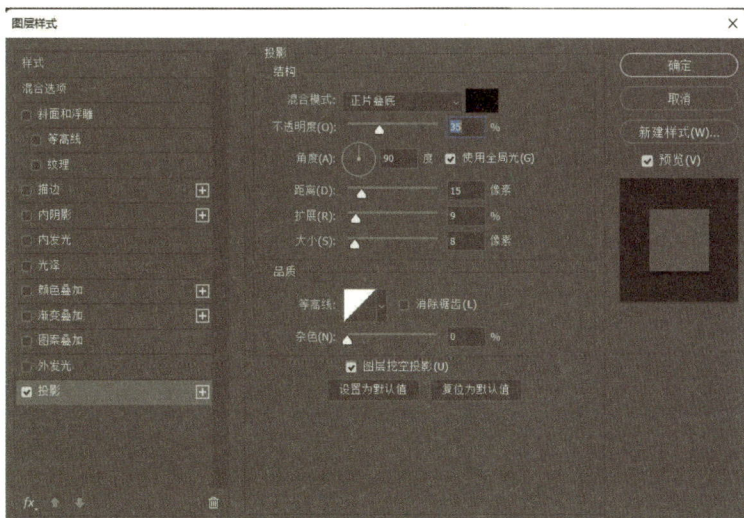

图2-73　"图层样式"命令

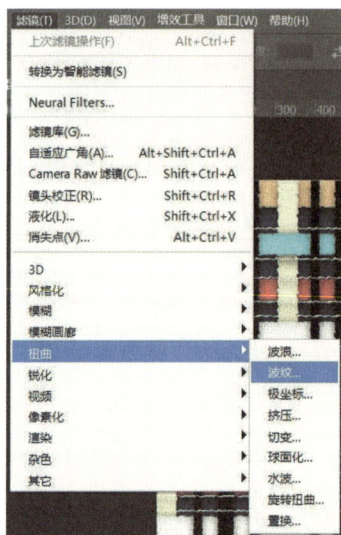

图2-74 "滤镜"→"扭曲"→
"波纹"命令

图2-75 "图案图章"工具

3.操作步骤

（1）新建画布。大小8cm×12cm，像素300。

（2）绘制图形。新建图层1，使用矩形选框，首先纵向搭建尺寸0.4cm×12cm图形7个，将z1、z3、z5、z7填充为浅黄色，z2、z4、z6填充为黑色（图2-76）。

（3）新建图层2。横向搭建8cm×0.4cm的图形6个，平均分布，其中h1、h3、h5为湖蓝色，h2、h4、h6为白色。画布底色填充深蓝（图2-77）。

图2-76 绘制面料小样纵向图形

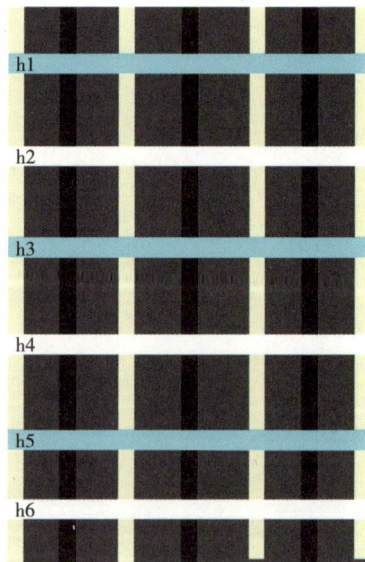

图2-77 绘制面料小样横向图形

（4）新建图层3。纵向于间距内分别搭建黑色竖条，使之均匀分布，粗细有致；横向使用土黄、玫红色较宽条纹平均分布，丰富底色的条纹排列；最后，参考案例照片的面料纱线，调整图层顺序，塑造纱线之间的错落感，并将每个纱线图层增加投影效果，突显层次感（图2-78）。

（5）合并图层。打开"滤镜"→"扭曲"→"波纹"命令，根据实际情况调整波纹大小，确定后再次打开"滤镜"→"滤镜库"→"纹理化"增加混纺粗糙的颗粒感（图2-79）。

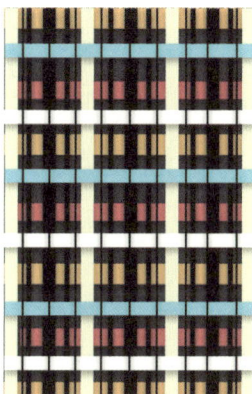

图2-78 完成面料小样图
形绘制

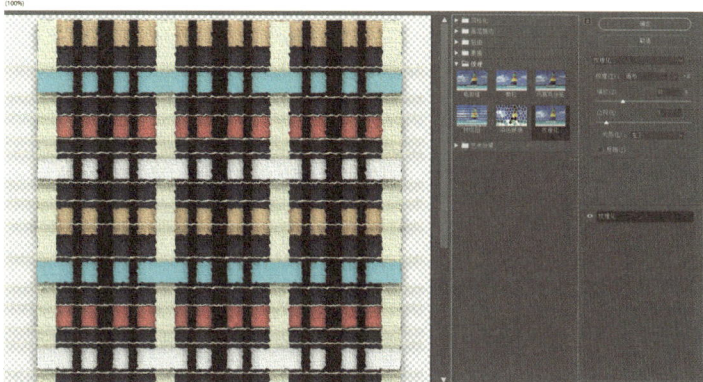

图2-79 增加图形滤镜

（6）面料填充。打开任务1款式线稿，插入面料小样成为"面料"图层，置于人体图层之上、线稿图层之下，打开色阶工具，调整色调接近案例图片面料的颜色（图2-80）。

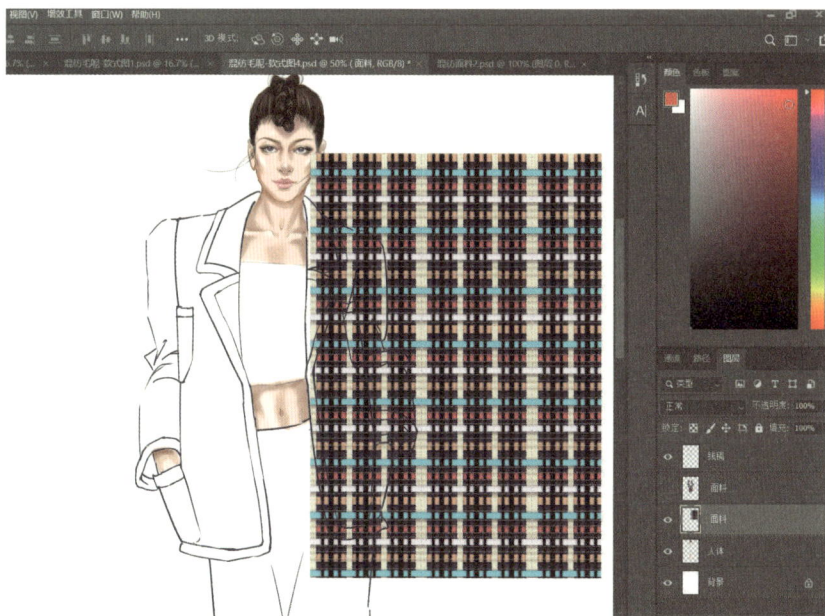

图2-80 面料填充

（7）面料剪切。使用"多边形套索工具"框选款式部分，回到面料图层，反选之后删除多余面料，完成面料平铺。

（8）面料调整。使用"滤镜"→"液化"工具（图2-81），根据衣身的转折、褶皱调整面料纹理的变化，使之更加自然、协调（图2-82）。

（9）毛边图案。新建0.5cm×10cm画布，分别使用湖蓝、深蓝（灰）、红色、黄色等，用"终极炭笔"画笔斜向45°角度，随意、轻松画出段线（图2-83）。

图2-81 "滤镜"→"液化"界面

图2-82 调整面料

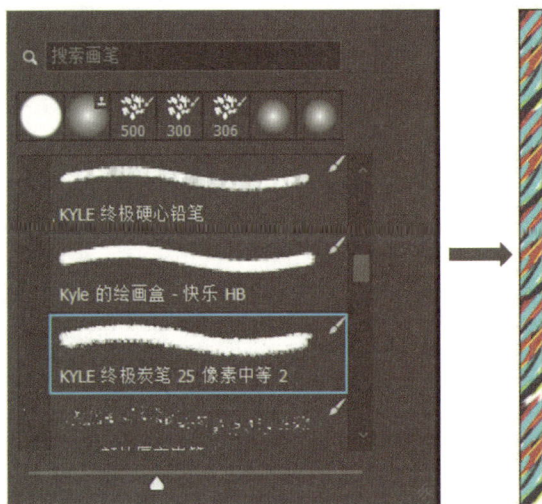

图2-83 毛边绘制

（10）制作图章。打开"菜单栏"→"编辑"→"定义图案"命令（图2-84），弹出当前图案定义图案命令，点击"确定"。"选择工具栏"→"图案图章"工具，在功能区即可选择目标图案，进行该材质的绘制（图2-85）。

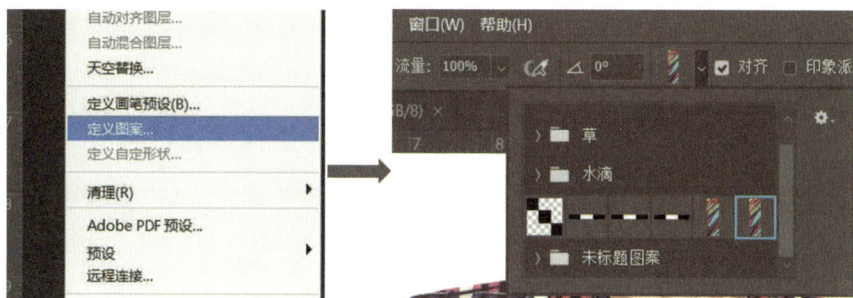

图2-84 制作图章

图2-85 填充图章

三、配饰绘制与整体刻画

1.案例分析

本案例所选鞋子为中跟玛丽珍鞋，鞋头、鞋跟和鞋带部分呈黑色，其他为白色，绘制上可弱化体积感，准确画出黑白对比色的区域位置，能够充分表现玛丽珍鞋的风格和样式即可（图2-86）。

本次任务为效果图的最终刻画，在不破坏混纺面料的层次感基础上，加深暗部和提亮受光部，强调体感，完成最终效果图。

2.重点工具运用

本次任务以阴影绘制为主，主要使用"硬边圆压力大小"画笔上色，"涂抹"工具进行柔和。

3.操作步骤

（1）鞋子线稿。新建图层置于人体图层之上，使用画笔工具选择黑色，基于脚步形态画出玛丽珍鞋线稿部分（图2-87）。

（2）鞋子上色。先选择黑色，将鞋头、鞋带、鞋底和局部鞋跟平涂黑色，再选择浅灰色将鞋侧面白色部分进行阴影上色，最后继续使用浅灰色画出黑色鞋头的反光上色（图2-88）。

图2-86　鞋子案例分析

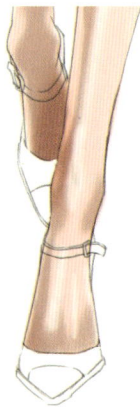

图2-87　鞋子线稿

图2-88　鞋子上色

（3）阴影上色。使用"柔边圆压力大小"画笔，选择蓝黑色，适当调整画笔不透明度，新建"阴影"图层置于"面料"图层之上。根据图示分析定位阴影上色区域，依次将上衣、半裙完成阴影上色（图2-89）。

（4）高光刻画。新建图层置于顶层，先使用不透明度为50%的白色"柔边圆压力大小"画笔，画出衣身、裙子的高光部位，位置参考如图2-90所示。

阴影上色区域

图2-89　阴影区域参考

（5）纱线刻画。使用白色"终极炭笔"画笔，细致、分散地刻画边缘抽纱材质（图2-91）。

图2-90 高光区域参考

图2-91 纱线笔触与刻画

（6）打底图案。新建"打底图案"图层置于线稿图层之上，使用"硬边圆"压力大小画笔画出几何花纹（图2-92），花纹自然且疏密，形态富于变化，画笔颜色选择浅棕色。

（7）图案刻画。新建"图案阴影"图层置于打底图案图层之上，选择浅棕灰色（调整不透明度为40%）；画出阴影效果；最后使用白色画笔，在阴影交界处进行图案提亮，增加图案肌理与质感（图2-93）。

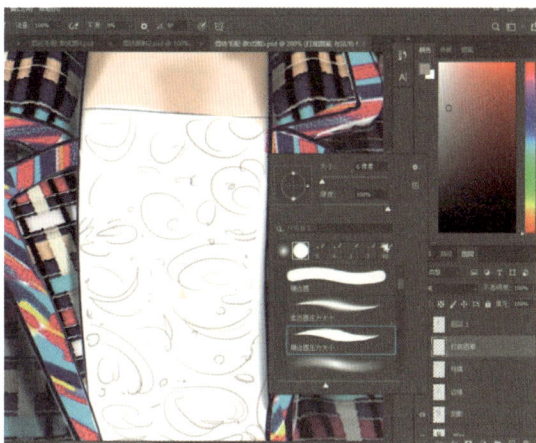

图2-92 打底图案绘制

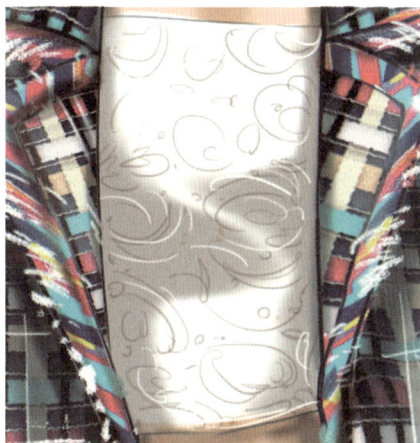

图2-93 打底图案刻画

（8）背景渲染。新建背景图层置于底层，选择灰色系作为画面背景，根据画面风格绘制相应的笔触背景，完成最终效果图（图2-94）。

图2-94　完成效果图

第五节　中式婚礼服效果图

一、人体局部与款式绘制

1.案例分析

案例如图2-95所示，为现代中式婚礼服，其上衣下裳形制，选择凤鸟、牡丹等图案素材，颇具传统女子服饰风格，但半透珠光面料、图案搭配手法和刺绣工艺等又具有现代服饰的风格特征，是具有现代风格的中式婚礼服。

中式婚礼服表现出女子传统、优雅、恬静的一面，因此，要绘制动态幅度较小的人体体态，五官及微表情也尽量表现女子含蓄、安静的特征。

2.重点工具运用

人物、款式线稿绘制主要使用"硬边圆压力大小"画笔完成即可（图2-96）。

图2-95 中式婚礼服

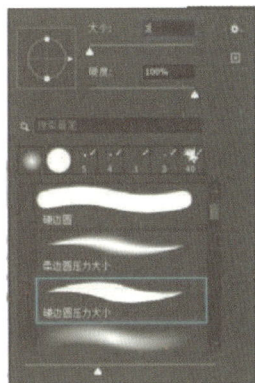

图2-96 "硬边圆压力大小"
画笔

3.操作步骤

（1）头部绘制。新建A4大小画布，并新建"线稿"图层，使用棕色"硬边圆压力大小"画笔，比照案例模特画出脸部、五官和简易的发型轮廓（图2-97）。注意半侧脸形宽度和五官的透视关系随之而变。

（2）款式绘制。继续使用棕色"硬边圆压力大小"画笔，快速勾勒中式婚礼服上衣、下裳的廓型。注意款式比例要准确，不需要刻画细节，只需简易绘制外轮廓造型即可（图2-98）。

图2-97　脸部、五官和简易的发型轮廓

图2-98　中式婚礼服廓型绘制

二、肤色妆发与服装铺色

1.案例分析

本案例为中式婚礼服，模特为典型亚洲女性形象，因此，选择麦色肤色，头发选择自然棕色，略微表现出时尚中式效果，礼服底色为中国红。

2.重点工具运用

本任务仍然以绘图"硬边圆压力大小"画笔 ▬▬▬▬ 为主要工具，用来绘制面部、发型等部位。服装的整体铺色有两种上色方式：可以使用画笔大笔触上色，也可以使用"多边形套索工具" ✦ 框选服装形状，进行填充 ◈ 上色。

3.操作步骤

（1）新建"肤色"图层。选择分别使用肤色底色 ▮、过渡色 ▮ 和暗部 ▮ 三种颜色，绘制基脸部基础明暗关系，数据参考如图2-99所示。

图2-99 基础肤色参考

（2）暗部刻画。选择深棕红 ▮，数据参考如图2-100所示，使用"硬边圆压力大小"画笔着重刻画鼻根、耳内、鼻孔、下颌等较暗部位，塑造体感。

（3）头发绘制。新建"头发"图层置于肤色图层之上、线稿图层之下，棕黄色平铺头发底色，选择深棕色，使用"柔边圆压力大小"画笔 ▬▬▬ 刻画暗部，塑造体感（图2-101）。

（4）高光提亮。新建"高光"图层置于顶层，选择白色，使用"硬边圆压力大小"画笔分别于颧骨、鼻骨、眼皮中部、嘴角和发丝进行提亮，增强人物的立体感和光感（图2-102）。

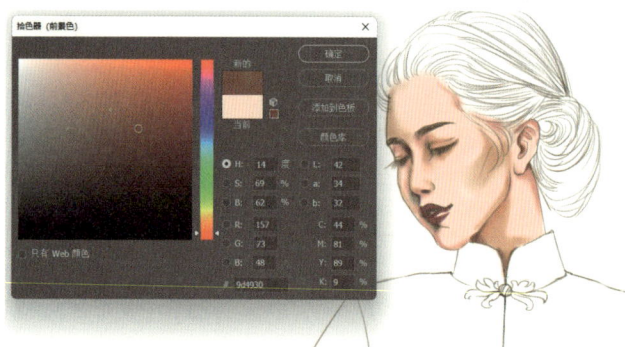

图 2-100　暗部刻画

图 2-101　头发绘制

图 2-102　头发提亮绘制

（5）礼服底色。新建"服装底色"图层，置于头发图层之上、线稿图层之下，使用"多边形套索工具" ▧ ，框选礼服外轮廓（除半透裙纱），再使用油漆桶工具选择中国红 ▬ ，数据如图2-103所示，平铺颜色。

（6）裙纱上色。新建"薄纱"图层，置于服装底色图层之上、线稿图层之下，继续使用中国红平铺裙纱，调整图层不透明度为 ▭ 不透明度: 36% ，完成裙纱上色（图2-104）。薄纱绘制整体效果如图2-105所示。

图2-103 服装底色上色

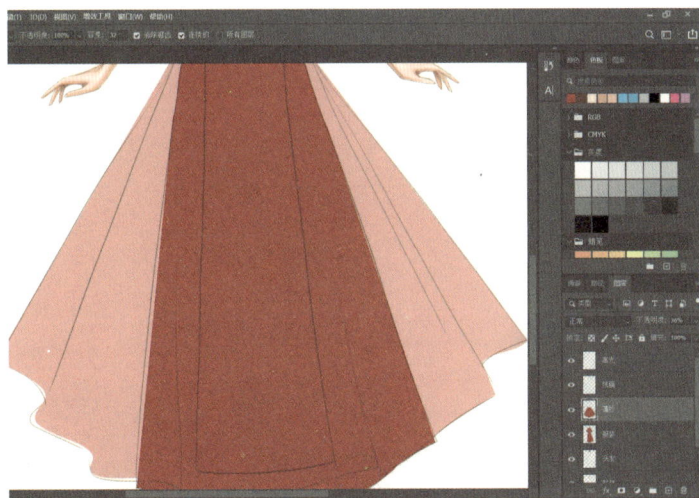

图2-104 薄纱绘制

图2-105　薄纱绘制整体效果

三、服饰图案绘制与拼贴

1.案例分析

在中式礼服案例中，有丰富的传统图案作为刺绣装饰，分别是牡丹纹、海水纹和凤鸟纹，依次出现在裙子、上衣前片和袖子等部位，在绘画程序上需要单独完成后插入主图（已完成的服装底色步骤图）中，再进行剪切和阴影刻画（图2-106）。

图2-106　图案案例分析

2.重点工具运用

牡丹纹绘制，主要运用"硬边圆压力大小"画笔与"橡皮擦"等常用绘图工具，即可完成。海水纹绘制过程中，需要表现出金线材质的光泽感，因此，除了使用"钢笔"工具 ✐ 绘制基础图形之外，需要利用"魔棒工具" ⚡ 框选形状，同画笔工具相互配合，完成光影变化绘制。

凤鸟纹绘制同牡丹纹，主要运用"硬边圆压力大小"画笔与"橡皮擦"等常用绘图工具，即可完成。

3.操作步骤

（1）牡丹纹绘制。新建画布命名为"牡丹纹"，参考案例中牡丹纹样的形态、配色，绘制一款有渐变效果的牡丹纹样。先使用肉粉色绘制轮廓，再使用暗红色填充空白位置，最后使用中黄色点缀花蕊，并加深花瓣层次部位（图2-107、图2-108）。

（2）牡丹纹复制。将绘制好的牡丹纹按照案例图中的布局，依次复制。可以使用快捷键Ctrl+t，调整纹样方向、大小，再适当增加牡丹叶纹样，丰富画面效果（图2-109）。

图2-107 牡丹绘制步骤

图2-108 牡丹单独纹样

图2-109 牡丹纹样排列

（3）牡丹纹平铺。将绘制好的牡丹纹图组，插入主图中，图层位于"线稿"图层之上（图2-110）。

（4）海水纹绘制。新建画布命名为"海水纹"，使用钢笔工具绘制海水纹基础形状，填充金黄色，再使用魔棒工具选中形状，选择土黄、橄榄绿色画出明暗效果，表现海水纹的光泽感（图2-111）。

（5）海水纹平铺。将绘制好的"海水纹"文件插入主图中，"海水纹"图层置于"牡丹纹"图层之上，并对照案例图中海水纹的部位，依次进行复制和形状调整（图2-112）。

图2-110　牡丹纹样平铺

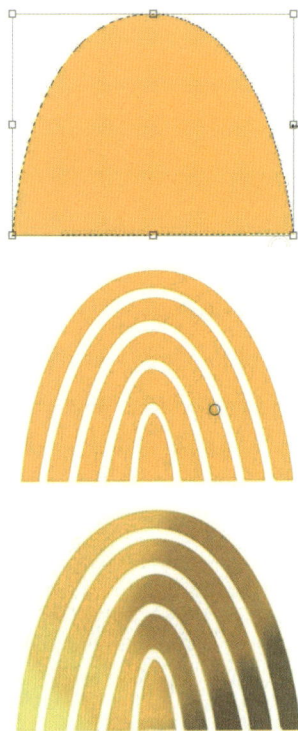

图2-111　海水纹绘制

（a）　　　　　　　　　　（b）

图2-112　海水纹平铺

（6）凤鸟纹轮廓绘制。新建"凤鸟纹"图层置于海水纹之上，选择中黄色，使用"硬边圆压力大小"画笔依照案例图中凤鸟纹形象，绘制出衣身左片、左袖的外形轮廓（图2-113）。

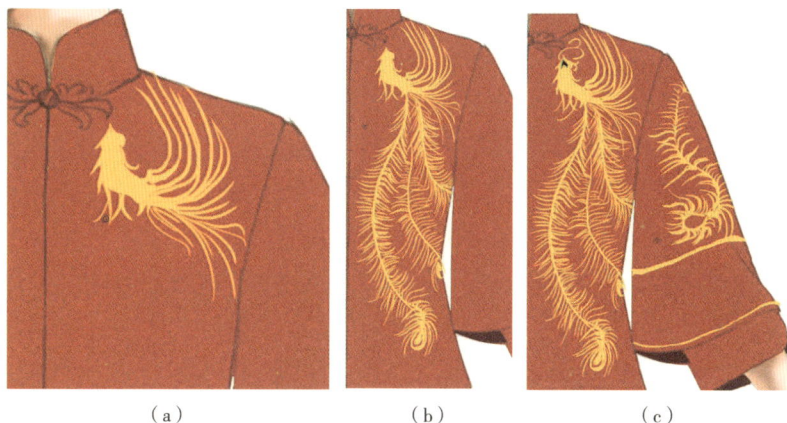

（a）　　　　　　　　（b）　　　　　　　　（c）

图2-113　凤鸟纹绘制

（7）凤鸟纹明暗绘制。首先选择深橄榄绿加深衣身侧面的纹样部位，其次使用白色提亮凤鸟身体下侧和羽毛部位，最后双击"凤鸟纹"图层样式，勾选投影，塑造刺绣纹样体感（图2-114）。

（8）凤鸟纹复制。复制前将袖口部分牡丹纹和底摆的海水纹补充绘制，合并图层至"凤鸟纹"图层，最后整体复制"凤鸟纹"图层，水平翻转，根据袖型调整图案形状，完成所有纹样的复制、调整和绘制（图2-115）。纹样整体效果如图2-116所示。

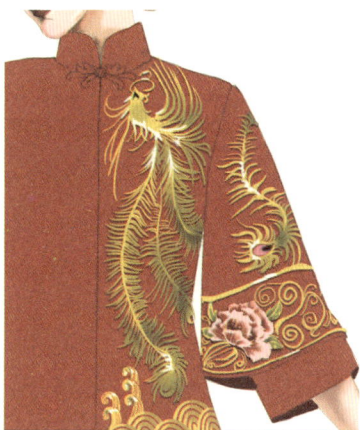

图2-114　凤鸟纹明暗绘制

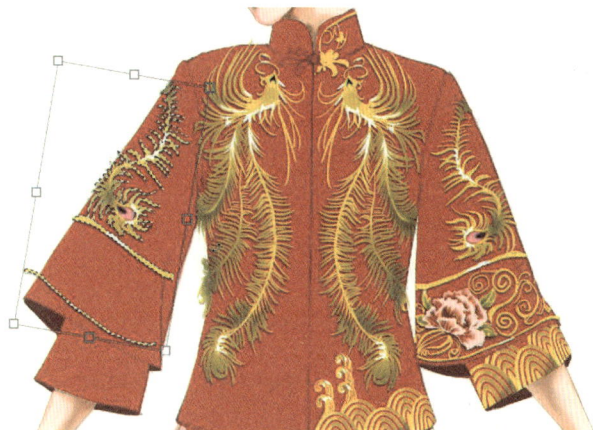

图2-115　凤鸟纹复制

图2-116　纹样整体效果

四、服装阴影效果与配饰绘制

1.案例分析

中式婚礼服整体材质较厚重，面料较平整，裙纱部分垂感较好，因此，阴影上色更加柔和规整。中式婚礼服配饰通常颇具传统特色，如金色珠翠装饰，搭配珊瑚珠等哑光点缀。

2.重点工具运用

服装阴影和配饰上色，重点是手绘上色，主要运用"硬边圆压力大小"画笔与"橡皮擦"等常用绘图工具，即可完成。

3.操作步骤

（1）衣身阴影。首先，合并所有图案图层，置于线稿图层之上，新建"阴影"图层置于图案图层之上，选择深红色█，颜色数据如图2-117所示。使用"柔边圆压力大小"画笔，调整透明度为50％左右，依次绘制衣身侧面转折、袖子内侧、服装层次投影和裙子侧面转折（图2-118）。

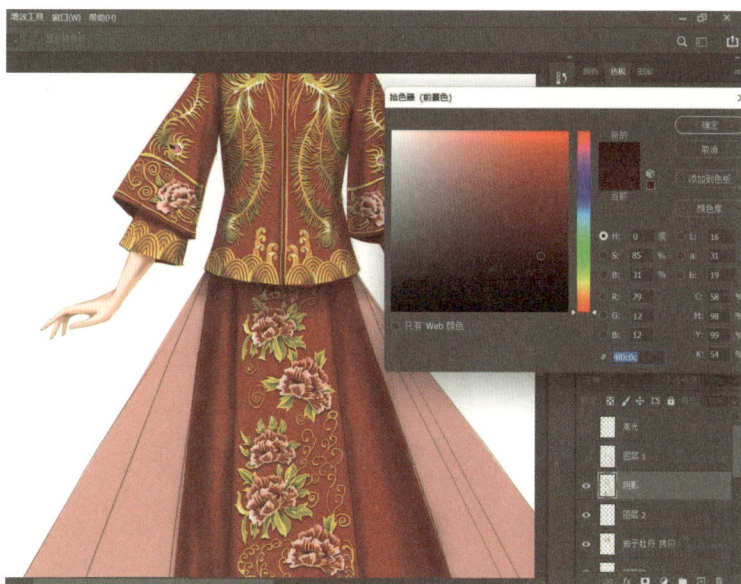

图2-117　选择深红色

图2-118　使用"柔边圆压力大小"画笔绘制阴影

（2）衣身亮部。新建"亮部"图层置顶，选择白色，使用"柔边圆压力大小"画笔，调整透明度为50%左右，依次画出衣身中部、袖子外侧、裙褶凸出部分（图2-119）。

（3）配饰绘制。新建"配饰"图层置于顶层，使用"硬边圆压力大小"画笔。首先，依次使用朱红、粉色、深红画出额顶饰物；其次，使用中黄和绿色画出覆盖前额的珠翠装饰，并加深有层次部分的暗部位置；最后，画出发髻部分的花朵装饰，并完善所有头饰的坠饰部分（图2-120）。

图2-119 绘制亮部

图2-120 头饰绘制

（4）添加背景。参考案例图片背景，新建"背景"置于底层，填充底色，再使用"柔边圆压力不透明度"画笔，笔触加大，加深画面两侧和底部，最终完成中式婚礼服效果图（图2-121）。

图2-121 填充背景

第六节　板绘服装效果图实操拓展案例

一、线稿效果图拓展案例

线稿效果图拓展案例如图2-122~图2-125所示。

图2-122　半侧走姿女人体

图2-123　正面走姿女人体

图2-124　正面站姿女人体

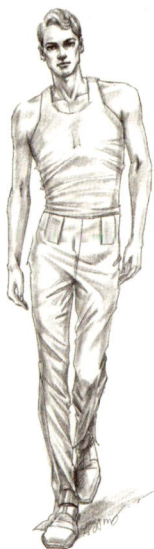

（a）

（b）

图2-125　正面走姿男人体

二、时装效果图拓展案例

时装效果图拓展案例如图2-126~图2-130所示。

图2-126　毛呢大衣搭配镂空打底裙　　　图2-127　皮草搭配针织裙　　　图2-128　印花连衣裙

图2-129　棉质男款T恤　　　图2-130　印花男童装

三、古装效果图拓展案例

古装效果图拓展案例如图2-131~图2-134所示。

图2-131　影视剧中唐代女子蜡染襦裙

图2-132　影视剧中唐代女子道袍

图2-133　影视剧中唐代男子武服

图2-134　影视剧中唐代男子圆领袍衫

● 本章小结

● 了解Photoshop主界面及常用工具，如明确标题栏、工具栏、菜单栏和状态栏的功能和相关操作流程，熟练选择相应的绘图、编辑等工具绘制和处理效果图。

● 学会使用Photoshop提取人体线稿，并举一反三，学会提取多种动态的男性、女性人体线稿。

● 制作面料小样是绘制服装效果图的关键环节，利用"滤镜"工具尝试多种材质的面料小样绘制，应用于不同风格的服装效果图当中。

● 传统纹样是中式服装的必备元素，学会绘制牡丹纹、凤鸟纹等传统图案图形，可应用于中式礼服、旗袍等多种风格中式服饰，传播优秀传统文化，应用于服装设计和服装效果图绘制当中。

● 思考题

1. Photoshop涉及哪些实际应用领域？

2. Photoshop画笔工具中"硬边圆画笔"和"柔边圆画笔"的特征分别是什么？

3. 结合自己绘图的实践经验，谈谈学习Photoshop软件绘图的方法。

4. 思考与发掘Photoshop绘制较复杂的礼服款式有几种快速表现方法。

扫二维码观看本章教学视频（共15个）

| 2.PS板绘效果图入门 | 3.应用案例1任务1人体线稿 | 4.应用案例1任务2人体上色 | 5.应用案例1任务3款式绘制 | 6.应用案例2任务1牛仔部分上色 |

7.应用案例2任务2牛仔部分上色

8.应用案例2任务3鞋与耳环

9.应用案例3任务1款式绘制

10.应用案例3任务2面料解说制作

11.应用案例3任务3整体刻画

12.应用案例4任务1绘画草图讲解

13.应用案例4任务2肤色妆容

14.应用案例4任务3牡丹、凤凰图案

15.应用案例4任务3海水纹和其他图案

16.应用案例4任务4阴影上色、头饰

印花面料图案

- 课题名称 ｜ 印花面料图案

- 课题内容 ｜

    1.纹样解读

    2.图案纹样

    3.肌理表达

    4.四方连续纹样

- 课题时间 ｜ 30课时

- 教学目的 ｜

    通过本章节的学习，熟悉Adobe Photoshop、Adobe Illustrator两种软件对印花图案绘图的基本应用方法，能够直接输出进行数码印花生产。

- 教学方式 ｜ 理实一体化教学

- 教学要求 ｜

    1.了解数码印花定义及印花图案分类。

    2.了解印花图案的设计原则。

    3.使用Adobe Photoshop、Adobe Illustrator软件进行图案纹样绘制。

    4.使用Adobe Photoshop进行肌理表达。

    5.使用Adobe Photoshop进行四方连续纹样绘制。

- 课前准备 ｜ 计算机、Adobe Photoshop、Adobe Illustrator软件安装；收集整理相应的服装服饰印花图案资料，阅读相关书籍。

第一节　纹样解读

一、纹样组织

1.数码印花技术

数码印花是指通过各种数字化手段将各种数字化图案输入计算机进行设计编辑，经分色印花系统处理后，使用其喷印系统将专用染料喷印到织物表面而获得的各种高精度印花产品。

2.数码印花图案分类

（1）按装饰手法分为写实纹样、变形纹样、具象纹样、抽象纹样等。

（2）按图案结构分为单独纹样、角隅纹样、适合纹样、边饰纹样、连续纹样等。

（3）按装饰题材分为植物纹样、动物纹样、人物纹样、风景纹样、器物纹样、文字纹样、几何纹样以及组合形成的复合纹样。

3.单独纹样

单独纹样是一个独立的个体，具有完整性，也是构成适合纹样、连续纹样的最基本单位。单独纹样的构图形式可分为对称式和平衡式两大类。如图3-1所示为对称式单独纹样，如图3-2所示为平衡式单独纹样。

图3-1　对称式单独纹样　　　　　　图3-2　平衡式单独纹样

4.适合纹样

适合纹样受一定外形限制，其纹样必须安置在特定的外形中。即使去掉外形，纹样仍保持外形轮廓的特点，如圆形、方形、三角形、椭圆形、菱形等。也有用自然形体作外形轮廓的，如葫芦形、花形、叶形、桃形、扇形等。

适合纹样的构图形式可分为向心式、离心式，向心、离心结合式，旋转式、均衡式、综合式等。如图3-3（a）所示为向心式方形适合纹样，如图3-3（b）所示为离心式圆形适合纹样，如图3-3（c）所示为旋转式圆形适合纹样，如图3-3（d）所示为向、离结合式椭圆形适合纹样，如图3-3（e）所示则属于均衡式适合纹样。

（a）向心式

（b）离心式

（c）旋转式

（d）向、离结合式

（e）均衡式

图3-3 适合纹样

5.角隅纹样

角隅纹样是指装饰在形体转角部位的纹样，又称角花，有直角、钝角、锐角之分。角隅纹样可以单独使用，也可以与边缘纹样配合使用。角隅纹样的构图有平衡式、对称式两种。如图3-4所示为平衡式角隅纹样，如图3-5所示为对称式角隅纹样。角隅纹样的用途较广，如枕套、床单、台布、地毯、围巾等构图，多采用角隅纹样。

图3-4 平衡式角隅纹样

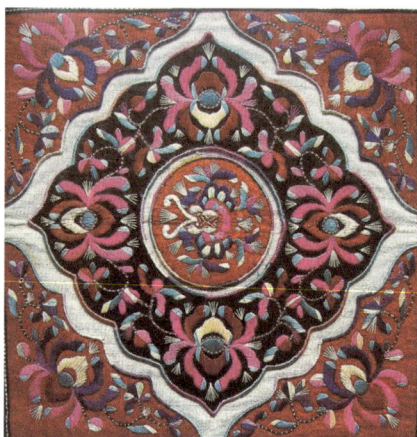

图3-5 对称式角隅纹样

6.边缘纹样

边缘纹样是装饰形体周边的一种纹样，一般用来衬托中心花纹或配合角隅纹样，也可独立用于装饰形体边缘。边缘纹样与二方连续纹样的不同点是，二方连续纹样可以无限伸展，而边缘纹样则受边缘外形的限制，如图3-6所示。

7.连续纹样

连续纹样是用一个或几个基本单位纹样向上下或左右无限重复运动，也可向上、下、左、右四个方向无限重复扩展，特点是延续性。连续纹样主要分为二方连续纹样和四方连续纹样。如图3-7所示为二方连续纹样，如图3-8所示为四方连续纹样。

图3-6 边缘纹样

图3-7 二方连续纹样

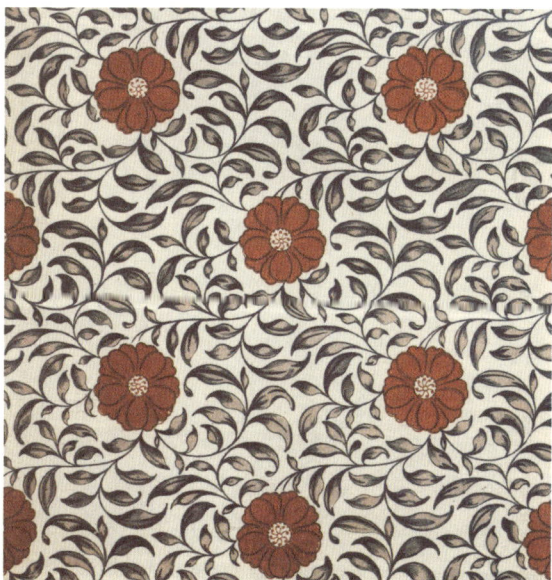

图3-8 四方连续纹样

二、设计原则

服装印花图案首先应当遵循图案设计的一般规律性原则，即形式美法则。所谓形式美法则，是人类在创造美的形式、美的过程中对美的形式规律的经验总结和抽象概括。探索形式美法则，能够培养人们对形式美的敏感，指导人们更好地进行设计表达，表现美的内容，达到形式与内容的高度统一。

1.对称与均衡

（1）对称。绝对对称的纹样图案具有较好的稳定性，对称的形态在视觉上有自然、安定、均匀、协调、整齐、典雅、庄重、完美的朴素美感，符合人们的视觉习惯。自然界中到处可见对称的形式，如鸟类的羽翼、植物的叶子等。如图3-9所示为一个具有对称美感的单独纹样，位于服装胸部正前方，起到吸引视线、画龙点睛的作用，是较为静态、稳定的表达。

（2）均衡。均衡也称平衡。均衡纹样左右两边虽然形态不同，但是根据形象的大小、轻重、色彩及其他视觉要素的分布，在视觉判断上仍然感到平衡。如图3-10所示，以凤凰飞翔的动态为视觉支点，构成左右形象的不均等。然而在s形的运动轨迹下，伸展的翅膀与收缩的翅膀、偏向一侧的鸟头与偏向另一侧的尾巴，还有红色的祥云部分，仍然造成视觉上的均衡感，得到相对于对称纹样更活泼的视觉效果。

图3-9 对称纹样

图3-10 均衡纹样

2.对比与调和

把反差很大的两个视觉要素成功地配列于一起，虽然使人感受到鲜明强烈的感触，但仍具有统一感的现象，称为对比，它能使主题更加鲜明，视觉效果更加活跃。如图3-11所示的对比感较为强烈，主要体现在形的大小、色彩的明暗以及色彩的饱和度等方面。调和就是使各个部分或因素之间相互协调。如图3-12所示，运用统一的色彩、图形，使画面相对稳定、视觉效果稳定。

图3-11 对比

图3-12 调和

3.比例与夸张

　　面积与体积大小的比例、数量多少的比例，一定要符合尺度，给人以美的感受。对于服装上的印花面料纹样图案来说，首先要符合人体视觉的比例，其次根据服装风格进行适当的夸张、缩小，以获得与风格较为符合的比例效果。如图3-13所示，位于下摆的纹样图案占据了较大的体积空间，与服装整体的大廓型相一致，已达到视觉扩张的、硬朗的立体效果。如图3-14所示，则以细小的点的聚集作为装饰，使礼服轻柔、婉约，体现了模特纤细美好的女性特征。

图3-13 纹样下摆

图3-14 圆点图案

4.节奏与韵律

节奏这个具有时间感的用语在印花设计中是指以同一视觉要素连续重复时所产生的运动感。单纯的单元重复容易单调，由有规则变化的形象或色群间以数比、等比处理排列，使之产生音乐、诗歌的旋律感，称为韵律。

图案纹样之间的缓急轻重、聚集分散构成了整体纹样图案的节奏感和韵律感。如图3-15所示，服装上半部与裙摆的图案纹样构成密集和舒缓间隔的间隙，使整个服装显得轻盈通透，节奏感处理得很好。如图3-16所示，以腰部为中心呈放射状扩散的曲线线条，与服装的半透明褶皱起伏构成了较强的韵律感。

图3-15　节奏感　　　　　　　　　　　　图3-16　韵律感

5.变化与统一

变化体现了各种事物的千差万别，统一则体现了各种事物的共性和整体联系。变化统一反映了客观事物本身的特点，即对立统一规律。如图3-17所示采用了均衡式的花卉纹样，色彩为灰绿和白两色，明暗对比较大，而在领口、袖口、下摆统一采用了边缘结构，起到对称、稳定的作用，达到了对比效果中的统一，很好地平衡了视觉效果。如图3-18所示，色彩柔和呈现弱对比，整体较为统一，为了打破这种稳定性，在纹样方式上则采用了均衡式，使图案形式略显活泼，在统一中呈现出一些变化。同时，裙装的黑色、半透明感也起到增加分量感、活跃气氛的作用，使服装整体不至于太过统一而缺乏灵动。

另外，同一款式对图案形式、色彩和材质应用与组合的不同，产生了适合不同性格的消费者个体穿着的风格。在注意运用形式美法则的同时，印花纹样的设计原则还应注意对图案形式、色彩、材质的组合应用。

图3-17　对比中统一

图3-18　统一中变化

第二节　图案纹样

一、牡丹单独纹样

1.案例分析

如图3-19所示为一款取自民间耳套上的牡丹单独纹样。纹样通过提取牡丹饱满、艳丽的花卉形象，形成概括简练的图形形象。

2.重点工具应用

应用软件为Photoshop，重点使用钢笔路径系列工具及其属性栏。

3.操作步骤

（1）新建及拷贝参考图。

①在 Photoshop 软件中，打开"牡丹单独纹样参考图"备用。

图3-19　牡丹单独纹样

②点击文件—新建，设定宽度和高度均为10cm，分辨率为300像素/英寸，RGB颜色为8位，背景内容白色，点击"确定"，如图3-20所示，此为作图文件，可根据自己喜好命名。

③拷贝参考图。拷贝参考图方法一：鼠标单击"牡丹单独纹样参考图"，拖拽图框到悬浮状态，使用 "移动工具"，将图片直接拖拽到新建文件中，如图3-21所示，然后关闭参考图。

拷贝参考图方法二：鼠标单击"牡丹单独纹样参考图"，执行"菜单栏"中"选择"，选择"全选"（或直接选择快捷键Ctrl+A）；执行"菜单栏"中"编辑"，选择"复制"（或直接选择快捷键Ctrl+C）；鼠标单击作图文件，执行"菜单栏"中"编辑"，选择"粘贴"（或直接选择快捷键Ctrl+V），参考图就被拷贝到作图文件中，如图3-21所示，然后关闭参考图。

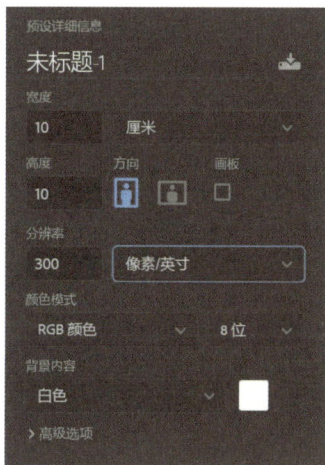

图3-20 新建文件

图3-21 拷贝参考图

④调整拷贝图大小。鼠标单击作图文件，检查工作图层为刚才的拷贝图层，点击"菜单栏"中"编辑"，选择"自由变换"（或直接选择快捷键Ctrl+T），移动该拷贝图层图像至合适位置，一手按住Shift键，另一手将鼠标放置四个端点中的其中一个，进行等比缩放至合适画面的大小，按Enter键确定，如图3-22所示。

（2）绘制第一层牡丹花瓣。

①新建图层。

方法一：在"图层"悬浮窗中，点击右上角，在跳出的菜单栏中点击"新建图层"（或直接选择快捷键Ctrl+Shift+N），新建一个图层，如图3-23所示。

方法二：在"图层"悬浮窗中，点击右下角，创建一个新图层，如图3-24所示。

②绘制第一层牡丹花瓣路径。选择"工具栏"中第一个钢笔工具 ✐，在刚才的新建图层工作层

图3-22 调整大小

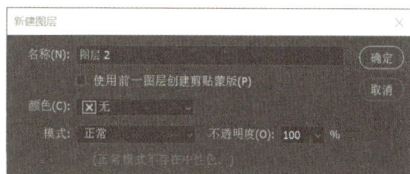

图3-23 新建图层方法一

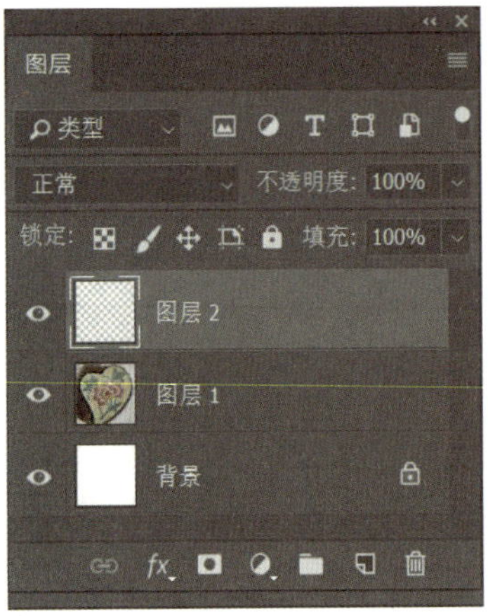

图3-24 新建图层方法二

上，参照参考图第一层花瓣轮廓，鼠标不断单击左键，勾画花瓣大致轮廓，注意最后一个节点应回到第一个节点，鼠标将会显示，如图3-25所示。选择“工具栏”中中的“转换点工具”，在每一个节点拉出杠杆调节线条弧度；如需移动节点，则需选择“工具栏”中“直接选择工具”；如需局部放大则切换“放大镜”工具。调节完毕，如图3-26所示。

③调色。双击“工具栏”中“前景色”缩略框，在跳出的“拾色器（前景色）”对话框状态下，鼠标点击参考图中相应的色区，则所需颜色自动吸入拾色器（前景色）中，在拾色器中适当点击鼠标选好所需色彩，如图3-27所示，点击“确定”关闭对话框。

④设置钢笔路径属性栏。点击选择“工具栏”中第一个钢笔工具，在其属性栏中设置属性为如图3-28所示。点击“形状”，依次设置后面的属性为：“填充”，在跳出的填充对话框中（图3-29）选择，在再次跳出的拾色器对话框中将默认刚才调过的色彩，再次点击“确定”，此时路径中选择的填色将更换为所需色彩；“描边”，在跳出的填充对话框中（图3-30）选择，此为不描边的意思，之后关于描边的一系列设置都不用进行。

⑤填充路径。点击选择“工具栏”中第一个钢笔工具，在其属性栏中将“形状”下拉框点开，选择“路径”，后面的属性产生变化如图3-30所示，点击“建立→形状”，完成路径填充，如图3-31所示。填充后图层将自动显示为形状图层，如图3-32所示。

⑥绘制第一层花瓣粉红部分。关闭画好的形状图层，使参考拷贝图层显示出来；重复第（1）~（5）步的操作，“新建图层”→“钢笔工具绘制基础路径”→“转换点工具”→“调节路径形状及弧度”→“设置色彩”→“设置钢笔路径属性”→“填充路径”，完成如图3-33所示。

图3-25 绘制花瓣路径

图3-26 调节花瓣路径

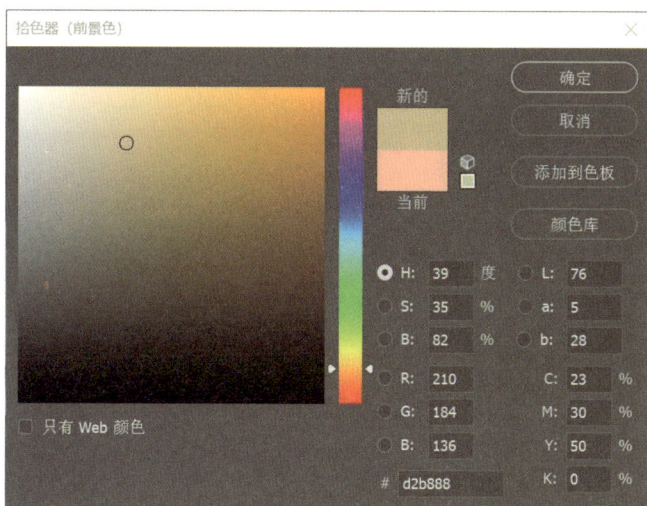

图3-27　调色

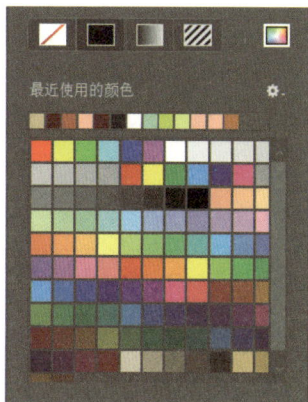

图3-28　钢笔属性栏"形状"

图3-29　填充对话框

图3-30　钢笔属性栏"路径"

图3-31　建立形状

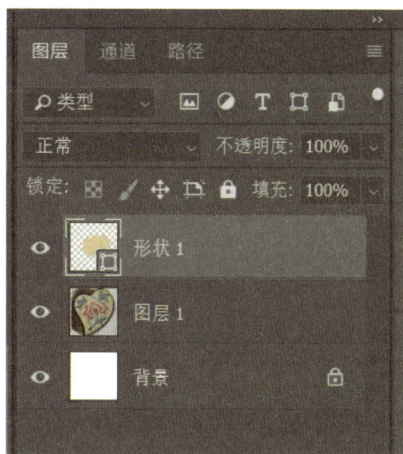

图3-32　形状图层

（3）绘制第二层、第三层牡丹花瓣。重复"绘制第一层牡丹花瓣"中第（1）～（6）步骤的操作，依次完成第二层、第三层牡丹花瓣的操作，如图3-34所示。

（4）绘制花蕊部分。

①绘制花蕊黄色基础部分。重复"绘制第一层牡丹花瓣"中第（1）～（6）步骤的操作，绘制花蕊黄色椭圆部分，如图3-35所示。

图3-33　第一层花瓣完成

图3-34　绘制第二、第三层花瓣

②绘制花蕊圆点部分。新建图层，使用"工具栏"中🔘"椭圆选框工具"，一手按住Shift键，另一手按鼠标左击拖拽出一个正圆选框，放开之后，鼠标移动至正圆内部，鼠标左击移动该选框至花蕊点状部位，如图3-36所示。双击"工具栏"中"前景色"缩略框🎨，在跳出的"拾色器（前景色）"对话框状态下，鼠标点击参考图中相应的色区，则所需颜色自动吸入拾色器（前景色）中，在拾色器中适当点击鼠标选好所需色彩，点击"确定"关闭对话框；点击"菜单栏"→"编辑"→"填充"，在跳出的对话框中设定填充色为"前景色"，如图3-37所示，点击"确定"执行填充，效果如图3-38所示；复制这个圆形花蕊图层，使用"工具栏"中"移动工具"✥移动复制的点到新的位置；重复这一操作，直至所有表现花蕊的小圆点绘制完毕，如图3-39所示。

③合并花蕊图层。将鼠标放在花蕊新建图层的最上面一个图层，右击或右击图层悬浮窗右上角▤，在跳出的菜单栏中选中"向下合并"（也可以直接按快捷键Ctrl+E），如图3-40所示，使之与下面相邻的图层的合并；重复刚才的操作，直至合并掉所有的花蕊图层。

（5）绘制叶子部分。点击"牡丹单独纹样参考图"拷贝图层，右键单击新建图层，使新建图层位于拷贝图层的上方，在所有花瓣及花蕊图层的下方；重复"绘制第一层牡丹花瓣"中第（2）～（6）步骤的操作，依次绘制每一片叶子的钢笔路径，再填充路径，完成叶子绘制。关闭参考图拷贝图层，整个作图完成，如图3-19所示。

4.参考图例

花卉参考图例如图3-41所示。

图3-35　绘制花蕊黄色基础部分

图3-36　绘制花蕊圆点

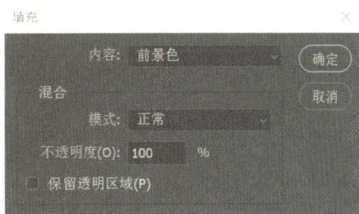

图3-37　填充对话框

图3-38　填充效果图

图3-39　花蕊小圆点绘制完成

图3-40　"向下合并"菜单栏

图3-41　花卉参考图例

二、宝相花适合纹样

1.案例分析

如图3-42所示为一款源自唐代的宝相花适合
纹样。宝相花又称宝仙花、宝莲花，是传统吉祥纹
样之一，盛行于中国隋唐时期。相传它是一种寓
有"宝""仙"之意的装饰图案。它一般以某种花
卉（如牡丹、莲花）为主体，中间镶嵌着形状不
同、大小粗细有别的其他花叶。尤其在花蕊和花瓣
基部，用圆珠作规则排列，像闪闪发光的宝珠，色
彩富丽堂皇，故名"宝相花"。

2.重点工具应用

应用软件为Illustrator，重点使用钢笔路径系
列工具及其属性栏；选择工具、填充、旋转工具及
其属性栏和图层。

图3-42　宝相花适合纹样

3.操作步骤

（1）新建文档。设置自选尺寸为宽度10cm，高度10cm，选择CMYK颜色，光栅效果为
高（300ppi），如图3-43所示。

（2）设置参考线。

①横向、纵向对分参考线。点击"菜单栏"→"视图"，在跳出来的下拉框中勾选"标
尺"，并勾选"显示标尺"；将鼠标放到标尺栏处，右键单击，在跳出来的下拉框中选择显示
方式为"厘米"；将鼠标再次放到横向标尺栏中，左击向下拉拽到画面一条横向辅助线至纵
向坐标约为"5"处，并在其属性栏中输入其X坐标值和Y坐标值为5cm，如图3-44所示；
按回车键，此时参考线将精准设置在文档二等分处；将鼠标再次放到纵向标尺栏中，然后依
照横向参考线方法设置纵向参考线，如图3-45所示。

②斜向参考线。

方法1：点击图层悬浮窗，并选中横向参考线所在的子图层，复制这个图层，并将原有
横向、纵向参考线所在子图层锁定，使其不被误操作移动或删除，如图3-46所示。选中刚
才的复制横向参考线图层，使用工具栏中旋转工具 🔄，按住Alt键，将鼠标放在横向、纵向
参考线交接点，在跳出的旋转对话框中设定旋转角度为-60°，点击"确定"，如图3-47所
示；形成斜向参考线如图3-48所示；同样方法输入旋转角度60°，获得如图3-49所示效果。
然后锁定其所在图层，使其不被误操作移动或删除。

　　方法2：点击图层悬浮窗，并选中纵向参考线所在的子图层，复制两个子图层，并将原有横向、纵向参考线所在子图层锁定，使其不被误操作移动或删除，如图3–46所示；选中刚才的一个复制纵向参考线图层，在图3–47所示的变换区域输入旋转角度为30°，按回车键，如图3–48所示；用同样方法选中刚才的一个复制纵向参考线图层，在图3–47所示的变换区域输入旋转角度为–30°，按回车键，如图3–49所示。

　　（3）外缘花瓣绘制。

　　①1/2外缘花瓣绘制。点击图层悬浮窗下方创建新图层，使用工具栏中钢笔工具，如图绘制一条不闭合路径，如图3–50所示；使用锚点工具调节，形成圆顺的弧线，注意上下端点要落在纵向参考线上，如图3–51所示；点击属性栏中的外观→填色，在跳出的对

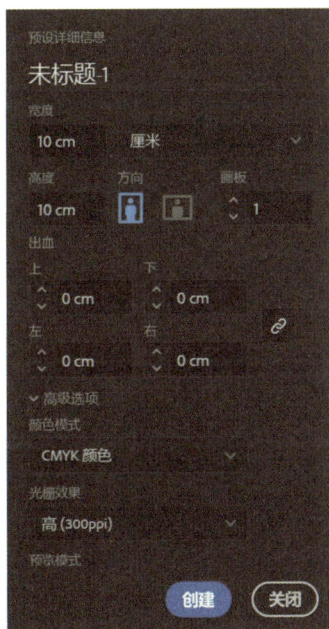

图3–44　标尺属性栏

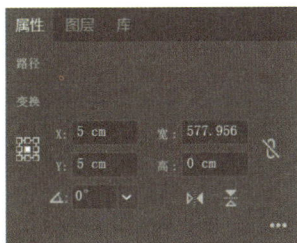

图3–46　复制子图层

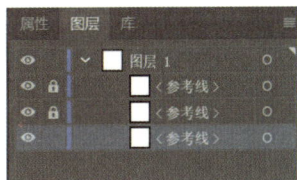

图3–43　新建文档

图3–45　设置纵向参考线

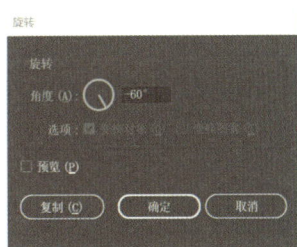

图3–47　"旋转"对话框

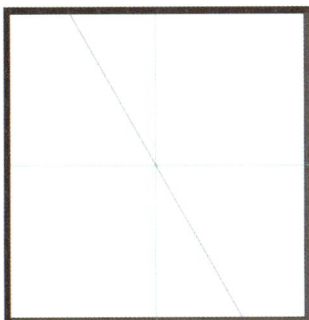

图3–48　斜向参考线

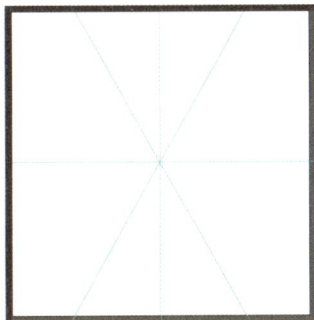

图3–49　参考线旋转60°

话框中设置色彩的CMYK值，如图3-52所示；再点击属性栏中的外观→描边，设定描边为黑色，线粗为0.5pt，如图3-53所示；形成效果如图3-54所示。

②完整外缘花瓣。复制这个一般的图形所在图层，选中复制图形，在属性栏中变换区域（图3-55）中，先设定翻转中心为右中点，然后点击水平翻转▷◁，形成效果如图3-56所示；关闭纵向参考线所在的图层，检查左右两边效果无误，如图3-57所示。

③外缘内层花瓣。重复步骤（1）~（2），绘制出内层花瓣，填充外白色，如图3-58所示。

图3-50 绘制不闭合路径 　　图3-51 调节成弧线 　　图3-52 设置色彩的CMYK值

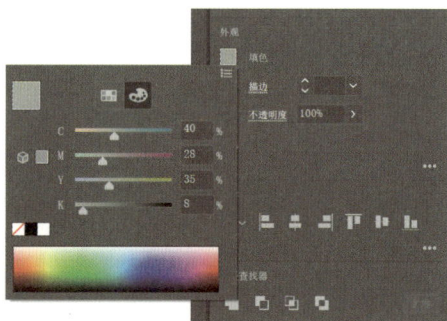

图3-53 外观属性栏 　　图3-54 描边效果 　　图3-55 变换属性栏

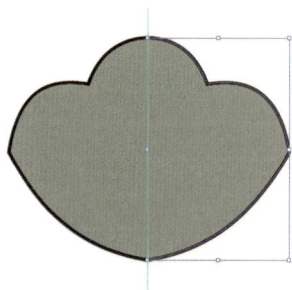

图3-56 复制、翻转 　　图3-57 完整外缘花瓣

④外缘花瓣组。使用工具栏中选择工具▶选中这两个图形，点击工具栏中旋转工具，按住Alt键，将鼠标放在几条参考线交接点，以使其旋转中心在交接点，在跳出的旋转对话框中设定旋转角度为60°，点击复制按钮，如图3-59所示；继续按快捷键Ctrl+D，重复旋转复制，形成最终效果如图3-60所示。

图3-58 外缘内层花瓣

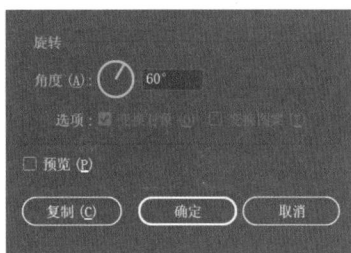

图3-59 旋转属性栏

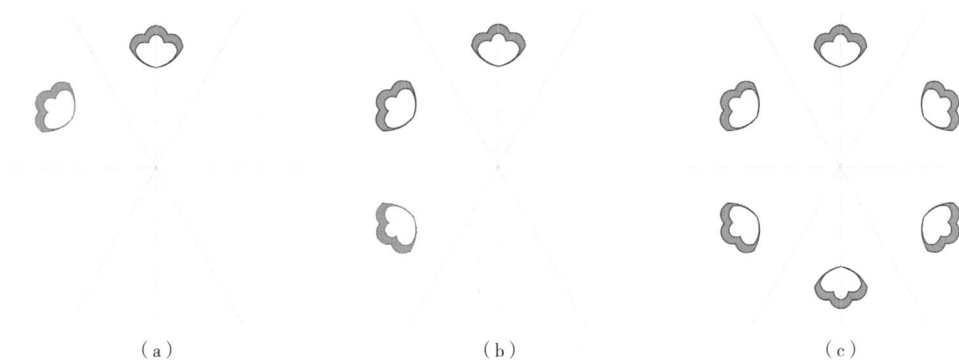

（a） （b） （c）

图3-60 外缘花瓣组

⑤锁定这些外缘花瓣组所在的图层，使其不被误操作移动或删除，方便后面的绘图操作。

（4）黄色花瓣组绘制。

①1/2黄色花瓣。新建一个图层，依据以上内容"外缘花瓣绘制"的操作步骤，绘制图形，不描边，填充为黄色，如图3-61所示；再复制→粘贴（快捷键Ctrl+Shift+V）这个图形，不填充，但设定描边为黑色，0.5pt，如图3-62所示。暂时关闭黄色填充图层，使用工具栏直接选择工具▶，选中勾边图形的左下角端点，按Delete键删除，如图3-63所示；再选中右下角端点，按Delete键删除，则滞留上部弧线部分；打开黄色填充图层，效果如图3-64所示。

选中这两个图形，执行复制并粘贴，设定翻转轴心为左边缘，执行水平翻转（方法同外缘花瓣绘制翻转方法），效果如图3-65所示，暂时关闭参考线图层可检查其对正效果。

②选中这组图形，点击工具栏中旋转工具，按住Alt键将鼠标放在几条参考线交接点，以使其旋转中心在交接点，在跳出的旋转对话框中设定旋转角度为60°，点击复制按钮；继续按快捷键Ctrl+D，不断旋转复制，形成最终效果如图3-66所示。

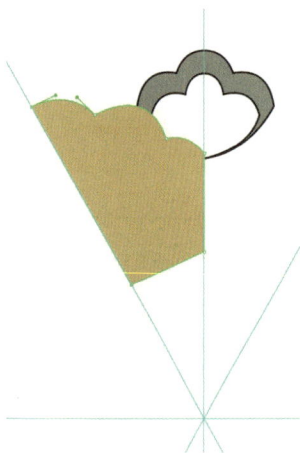

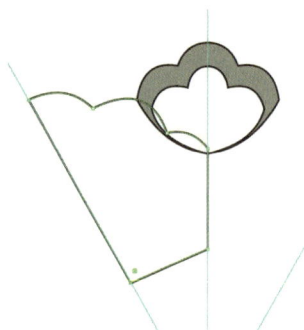

图3-61　绘制　　　　　　　　　图3-62　复制、设定描边　　　　　　图3-63　删除

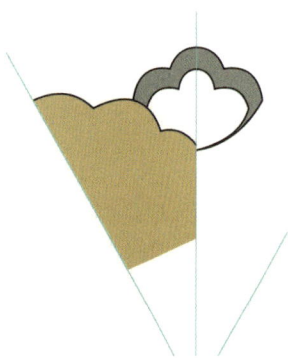

图3-64　黄色填充图层　　　　　　图3-65　复制、翻转　　　　　　　图3-66　旋转、复制

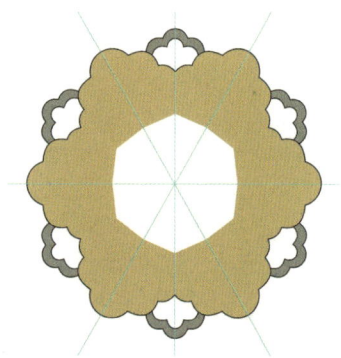

③局部放大相邻的两组图形，可发现黑色线条不够连贯，如图3-67所示；锁定黄色图形所在的图层使其不被误操作，使用工具栏直接选择工具▶，在两条黑色线条相交的端点附近画矩形框，然后框选住这两个黑色线条路径的端点，执行"Ctrl+J"，则两个路径连接成为一个路径，如图3-68所示；重复此操作依次连接相邻的黑色线条端点，使线条连贯，关闭黄色图形区域可见效果，如图3-69所示。

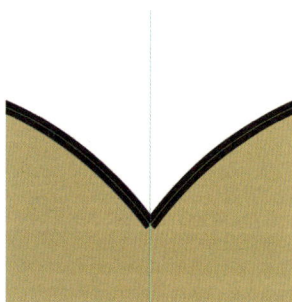

图3-67　局部放大　　　　　　　　图3-68　连接路径　　　　　　　　图3-69　效果图

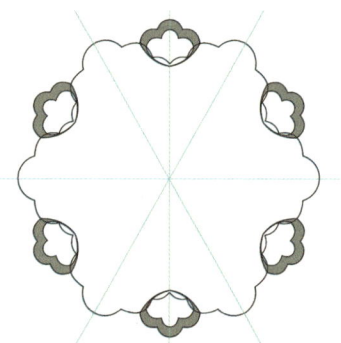

④黄色花瓣组内层花瓣绘制。依据上述步骤①~③的操作，同样方法绘制内层花瓣，效果如图3-70所示。画完之后锁定这些图层。

（5）深蓝色花瓣组绘制。新建一个图层，重复黄色花瓣的绘制方法，形成效果，如图3-71所示。

（6）白色花瓣组绘制。相同方法绘制白色花瓣组效果，如图3-72所示。

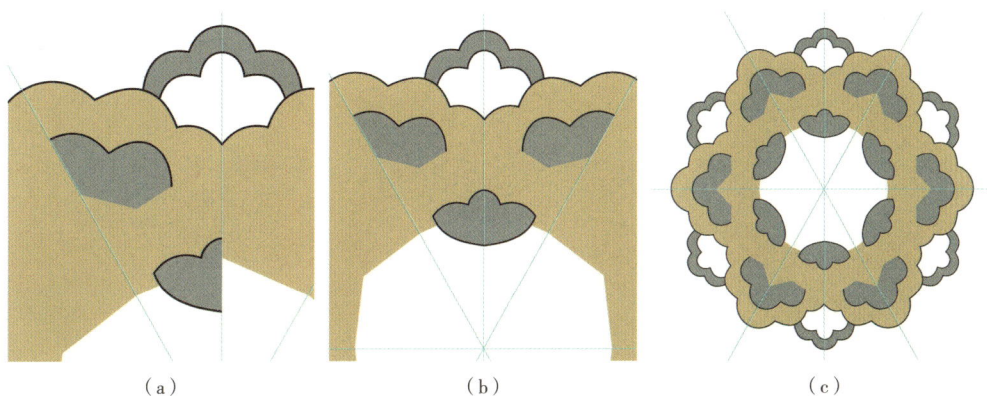

（a）　　　　　　（b）　　　　　　（c）

图3-70　内层花瓣组绘制

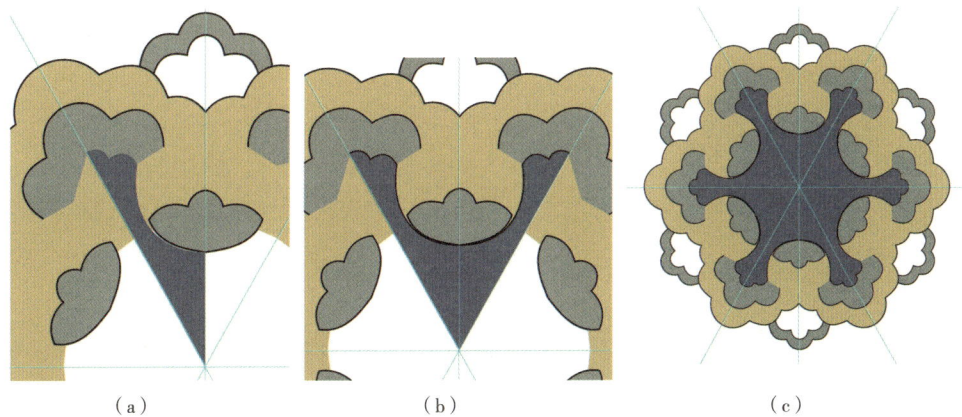

（a）　　　　　　（b）　　　　　　（c）

图3-71　深蓝色花瓣组绘制

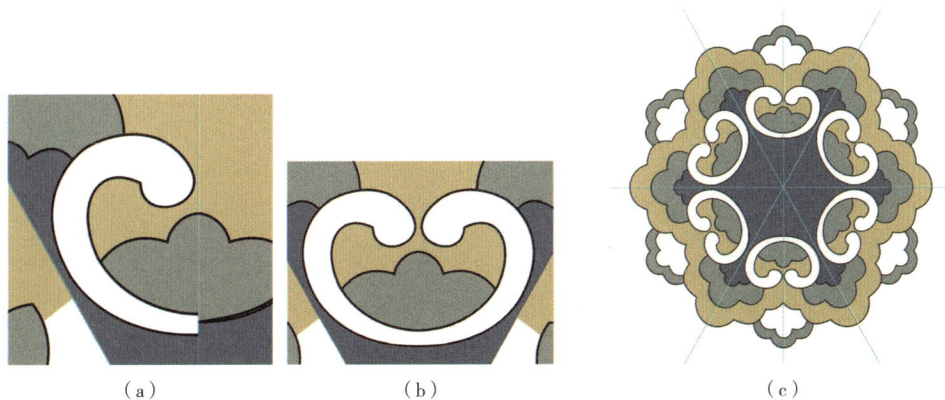

（a）　　　　　　（b）　　　　　　（c）

图3-72　白色花瓣组绘制

（7）绿色花蕊组绘制。

①新建一个图层，使用路径系列工具绘制1/2绿色花蕊，效果如图3-73所示。

②复制并就地粘贴这个图形，水平翻转，如图3-74所示；使用工具栏中旋转工具，按住Alt键，将旋转轴心定位在翻转图形的左下角端点，旋转60°，效果如图3-75所示；使用工具栏中直接选择工具，框选住两个图形的端点进行连接，使之成为一个闭合图形，效果如图3-76所示。

③依次旋转复制此图形，形成效果如图3-77所示。

图3-73　绘制1/2绿色花蕊

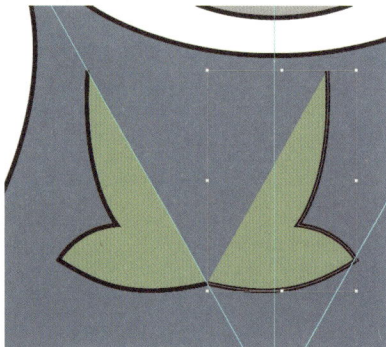

图3-74　复制、翻转

图3-75　旋转

图3-76　连接端点

图3-77　效果图

④选择工具栏中椭圆工具，将鼠标放在画面纵横对分参考线交点位置，按住Shift+Alt键，从轴心拉出一个灰色正圆图形，如图3-78所示；同样方法绘制一个白色正圆图形，如图3-79所示。

⑤同样方法绘制花瓣中的正圆图形，并旋转复制成组；关闭参考线图层，在所有绘图图层下面新建一个图层，绘制正方形矩形框填充蓝色，不描边，完成最后效果，如图3-80所示。

图3-78 绘制灰色正圆图形

图3-79 绘制白色正圆图形

图3-80 完成效果图

4.更多参考图例

如图3-81所示为其他更多图例。

图3-81 其他图例

第三节　肌理表达

一、编织效果

1.案例分析

利用 Photoshop 的滤镜功能，我们可以模拟许多独特的面料肌理效果。如图3-82所示为一款带有印花图案的粗孔编织效果案例，具有麻织物的结点效果，颗粒粗糙且分布不均。

2.重点工具应用

应用软件为Photoshop，重点使用滤镜工具及图层属性。

3.操作步骤

（1）新建文件，设定尺寸为10cm×10cm，300像素/英寸，RGB模式8位，白色背景。

图3-82　带有印花图案的粗孔编织

（2）打开"编织效果参考图"，将其拷贝到新建作图文件中，执行"编辑"→"自由变换"，适当等比缩放至等同文件大小。

（3）点击背景图层的"锁"图标，如图3-83所示，使背景白色图层可编辑；将背景图层填充为灰色，如图3-84所示，关闭印花拷贝图层；在印花拷贝图层上面新建一个图层，填充为任意色，如图3-85所示；执行"菜单栏"中"滤镜库"，选择"纹理"中"马赛克拼贴"，如图3-86所示，设定数值如图3-87所示，点击"确定"，效果如图3-88所示。

（4）局部放大画面，使用"工具栏"中魔术棒工具，在画面深色背景位置点选，由于马赛克效果的深红底色相连接，因此，将全部选中这一色彩区域，效果如图3-89所示；执行菜单栏"选择"中"反向选择"，这时将选中除深红底色之外的其他色彩区域，关闭此色彩图层，打开印花图层，效果如图3-90所示，在印花图层上，按Delete键进行删除，效果如图3-91所示。

（5）双击印花图层上的缩略框，调出"图层样式"对话框，勾选"投影"，点击"投影"出现投影属性设置（或点击菜单栏"图层"中"图层样式"，直接点击"投影"打开对话框），设置数值如图3-92所示，点击"确定"，效果如图3-93、图3-94所示，完成绘图。

图3-83 "锁"图标

图3-84 填充灰色

图3-85 新建图层

图3-86 选中纹理

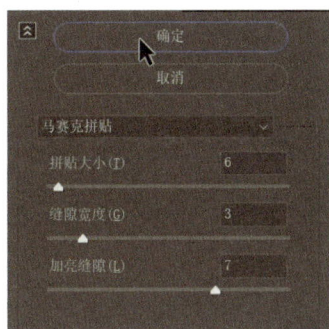

图3-87 设定数值

图3-88 效果图

图3-89 选中色彩区域

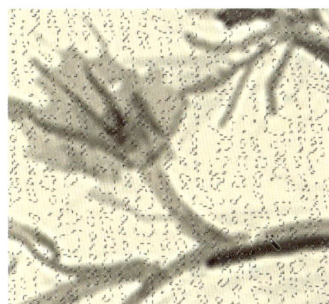

图3-90 打开印花图层

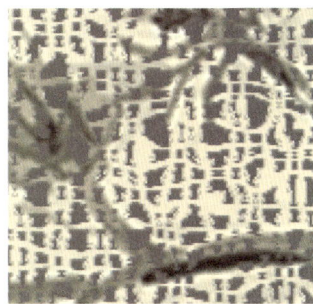

图3-91 删除

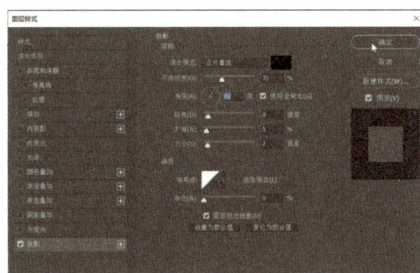

图3-92 设置数值

图3-93 局部细节

图3-94 带有印花图案的粗
孔编织

二、镭射效果

1.案例分析

镭射面料是一种新型布料，通过涂层工艺，利用光与物质的相互作用原理，使面料呈现出镭射银、玫瑰金、幻彩蓝意粉等多种颜色。其饱和的色彩、独特的镜头感，与数码科技的现代化理念不谋而合，极具视觉冲击力，如图3-95、图3-96所示。

图3-95 镭射面料（一）　　图3-96 镭射面料（二）

2.重点工具应用

应用软件为Photoshop，重点使用画笔工具及图像调整。

3.操作步骤

效果1　鼠标绘图（图3-95）

（1）新建文件，设定尺寸为10cm×10cm，300像素/英寸，RGB模式8位，白色背景。

（2）点击工具栏中画笔工具✍，在其属性栏中选择"常规画笔"中"柔边圆"，设置如图3-97所示。

（3）打开拾色器调画笔颜色，然后通过选取不同的色彩深浅调色，使用鼠标画出褶皱的亮部和暗部效果，如图3-98所示。

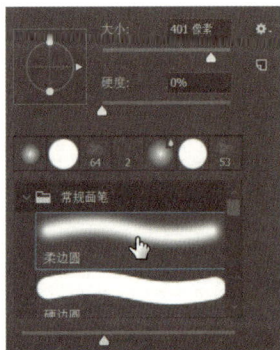

图3-97 画笔工具属性栏　　图3-98 绘制效果图

（4）选择菜单栏"图像"→"调整"→"曲线"，如图3-99所示，在弹出的对话框中通过调节曲线局部的位置关系，使画面色彩产生随机变化，如图3-100所示，完成最终效果。

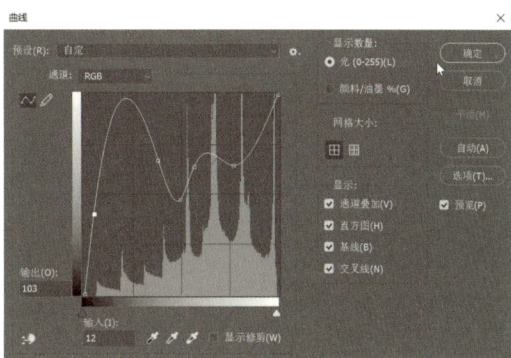

图3-99　选中"曲线"　　　　　　　　　图3-100　调节曲线局部位置关系

效果2　板绘绘图（图3-96）

（1）新建文件，设定尺寸为10cm×10cm，300像素/英寸，RGB模式8位，白色背景。

（2）点击工具栏中画笔工具，在其属性栏中点击画笔设置，在弹出的对话框中选择"画笔"中"软圆压力不透明度和流量"，如图3-101所示。点击"画笔设置"，将"形状动态"依图3-102所示进行设置；将"传递"依图3-103所示进行设置。

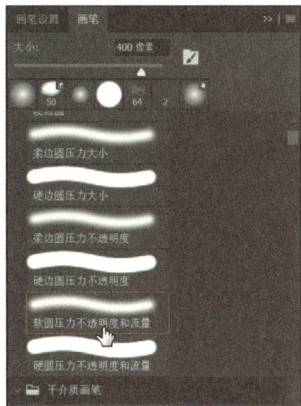

图3-101　画笔设置栏　　　　图3-102　设置"形状动态"　　　　图3-103　设置"传递"

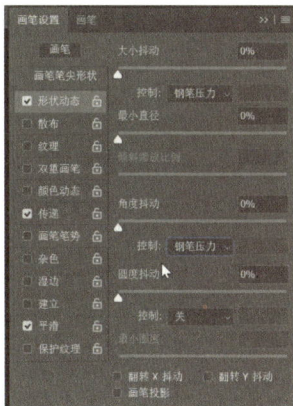

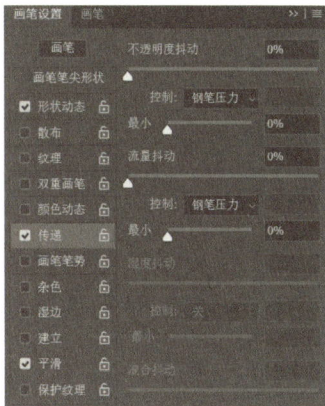

（3）打开拾色器调画笔颜色，然后通过控制手绘板的画笔压感绘制色彩深浅色，依次画出褶皱的亮部和暗部效果，如图3-104所示。

（4）选择菜单栏"图像"→"调整"→"曲线"，在弹出的对话框中通过调节曲线局部的位置关系，使画面色彩产生随机变化，如图3-105所示，完成最终效果，如图3-96所示。

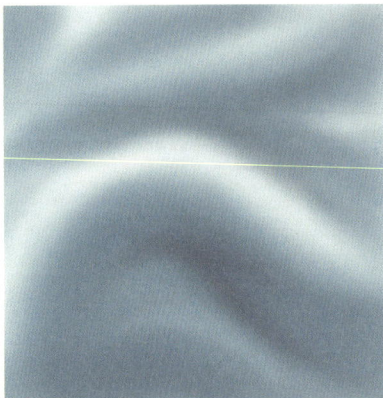

图3-104 绘制色彩深浅色

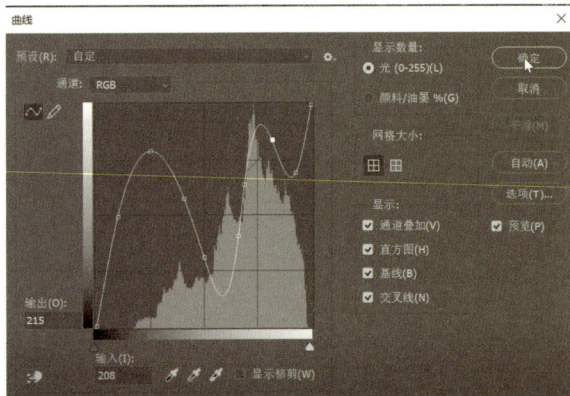

图3-105 调节曲线局部位置关系

图3-106 具有印花效果的棉绗缝面料

三、棉绗缝效果

1.案例分析

棉绗缝工艺使布面呈现规律性的起伏，如图3-106所示为一款具有印花效果的棉绗缝面料，需要重点处理出明暗起伏的肌理效果。

2.重点工具应用

应用软件为Photoshop，重点使用定义图案及填充图案等功能。

3.操作步骤

（1）新建文件，设定尺寸为3cm×3cm，300像素/英寸，RGB模式8位，白色背景。

（2）打开拾色器，调出中灰色；打开工具栏渐变填充▣，在其属性栏中勾选"前景色到透明渐变效果"，如图3-107所示；渐变模式选择"线性渐变"▣；将鼠标放在新建文件的45°对角线位置，拉出一个不太对称的填充效果，如图3-108所示。

（3）新建一个透明图层，使用工具栏中矩形工具▣，沿画面边缘，一手按住shift键，画出一个方形框；在跳出来的属性悬浮窗中，设定描边色彩为黄色，描边效果为虚线效果，数值为虚线6、间隙3，如图3-109、图3-110所示。

（4）新建一个透明图层，使用工具栏中椭圆选框工具▣，绘制一个椭圆选区，使用上一步骤中的渐变填充工具，填充为浅灰到白的渐变效果，如图3-111所示；使用菜单栏中编

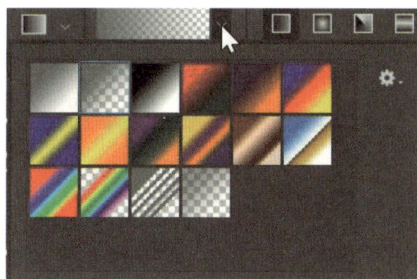
图3-107 勾选渐变效果

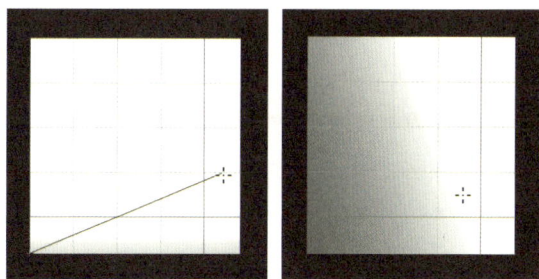
图3-108 填充效果

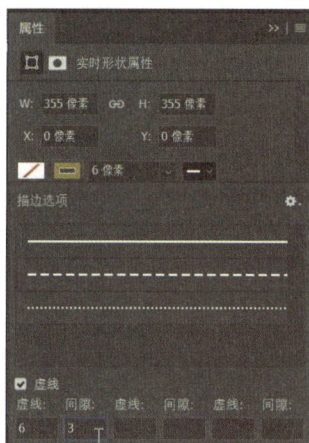
图3-109 效果设置

图3-110 绘制矩形

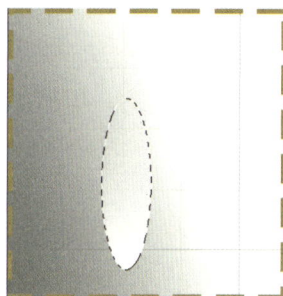
图3-111 填充椭圆

辑—自由变换，旋转其角度，并拖拽至合适位置，如图3-112所示；按回车结束命令。

（5）合并这两个图层，使用工具栏中矩形选框工具██，按住Shift键，沿画面右上角向斜下方拖拽出一个正方形选区。注意右下方的两条黄色虚线不在选区范围内，如图3-113所示；选择菜单栏"编辑"→"定义图案"，在弹出的对话框中点击"确定"。

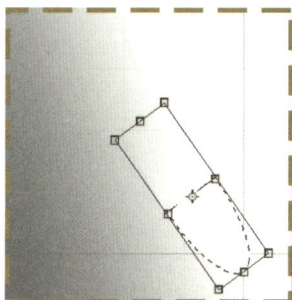
图3-112 旋转

图3-113 绘制正方形选区

（6）新建一个文件，设定A4尺寸，300dpi；使用工具栏中油漆桶工具██，在属性栏中选择填充内容为"图案"，填充图案为刚才设定的图形，填充画面，效果如图3-114所示；解锁这个背景图层，执行菜单栏中"编辑"→"自由变换"，旋转45°，效果如图3-115所示。

（7）打开一张印花参考图，执行菜单栏"选择"→"全选"；执行菜单栏"编辑"→"复制"；打开刚才的A4文件，执行菜单栏"编辑"→"粘贴"；调整印花稿所在图层效果为"正片叠底"，如图3-116所示；执行菜单栏"编辑"→"自由变换"，按住Shift键适当拖拽印花图至适当大小，效果如图3-117所示；裁切画面，效果如图3-118所示，完成制作。

图3-114 填充效果

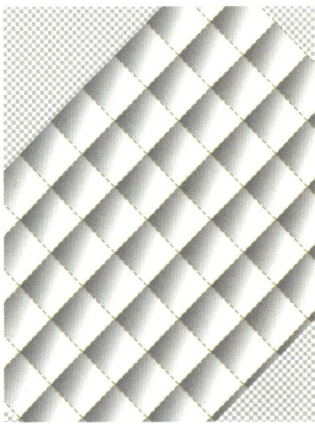

图3-115 旋转

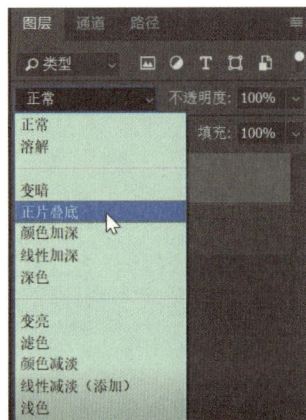

图3-116 设置图层效果

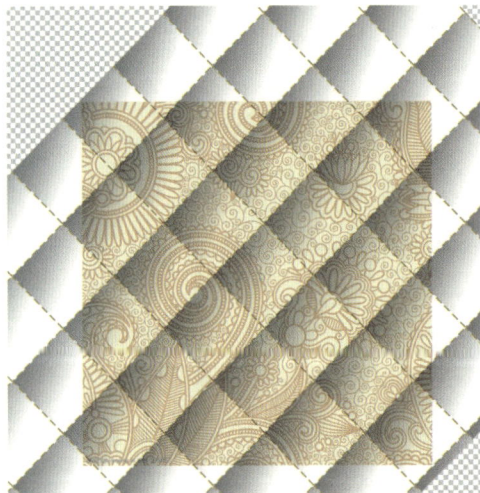

图3-117 调整印花稿

图3-118 具有印花效果的棉纡缝面料

第四节　四方连续纹样

一、简单四方连续纹样

1.案例分析

如图3-119所示为一款造型简单的四方连续图案，其中单独元素左右对称，我们在画图时可以只画一半，翻转复制即可；而单独元素之间呈现交叉排列的特点，这就需要我们首先找出其排列构成的单一元素，使之无缝衔接。

2.重点工具应用

应用软件为Photoshop，重点使用定义图案及填充图案等功能。

3.操作步骤

（1）新建一个文件，设定尺寸为6.6cm×6.6cm，300dpi，RGB模式8位，白色背景。

图3-119　四方连续图案

（2）选择菜单栏"视图"→"新建参考线版面"，在弹出的对话框中修改数据，如图3-120所示，得到将画面四等分的参考线，如图3-121所示。

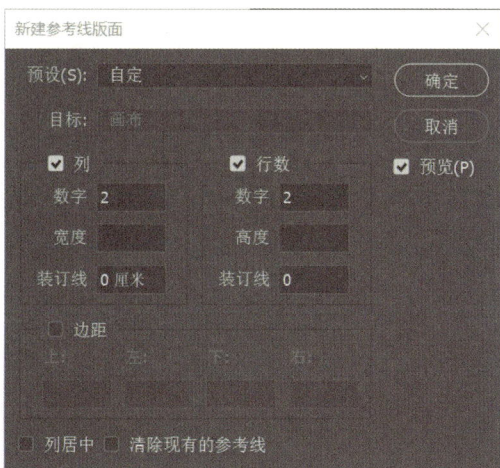

图3-120　修改数据

图3-121　画面四等分参考线

（3）新建一个透明图层，使用钢笔工具，绘制出单独元素图形的柱状结构、伞盖等，并填充为相应色彩，如图3-122所示；合并这几个图层后复制这个图层，执行菜单栏中"编辑"→"自由变换"，将中心点移动到右边居中位置，如图3-123所示；在图形编辑范围内右击鼠标，在弹出的窗口中选择"水平翻转"，如图3-124所示，得到效果如图3-125所示。

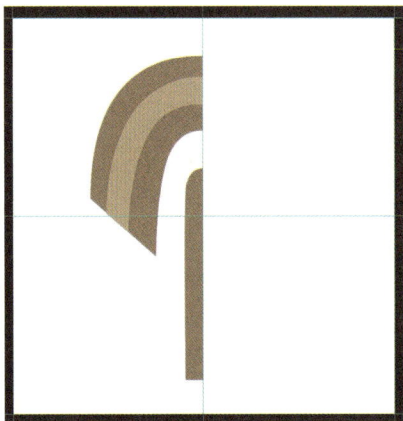

图3-122　绘制单独元素图形

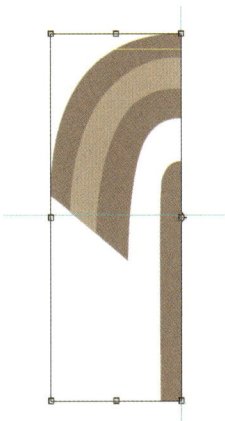

图3-123　中心点移动

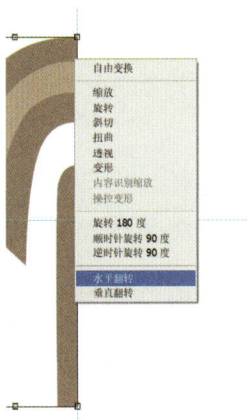

图3-124　水平翻转

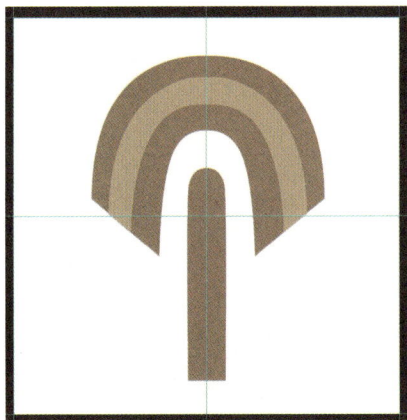

图3-125　翻转后效果

（4）复制左侧的1/2单独元素图层，关闭原图层，使用工具栏中"矩形选框工具"，参照辅助线框选中上半部分，如图3-126所示，执行菜单栏"编辑"中"剪切"，然后"复制"，移动其位置至整个画面的右下角，注意其边缘务必与文件边缘完全对正，如图3-127所示；选中1/2单独元素下半部所在图层，将其移动到文件右上角，如图3-128所示；将右侧的1/2单独元素图案用同样方法重复刚才操作，效果如图3-129所示；打开关闭的原左右1/2单独元素图层；并在最下面新建一个透明图层，填充色彩为橙色，删除参考线，整体效果如图3-130所示。

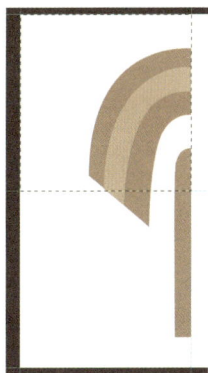

图3-126 选中上半部分

图3-127 移至右下角

图3-128 移至右上角

图3-129 重复操作

图3-130 整体效果

（5）选择菜单栏"选择"→"全选"，然后点击"编辑"→"定义图案"，在弹出的对话框中点击"确定"，即将刚才的作图生成为新的图案。新建一个A4文件，点击工具栏中"油漆桶工具" ，在其属性栏中勾选"图案"填充，并在图案下拉框中选中刚才定义的图案，如图3-131所示；执行填充，效果如图3-132所示。

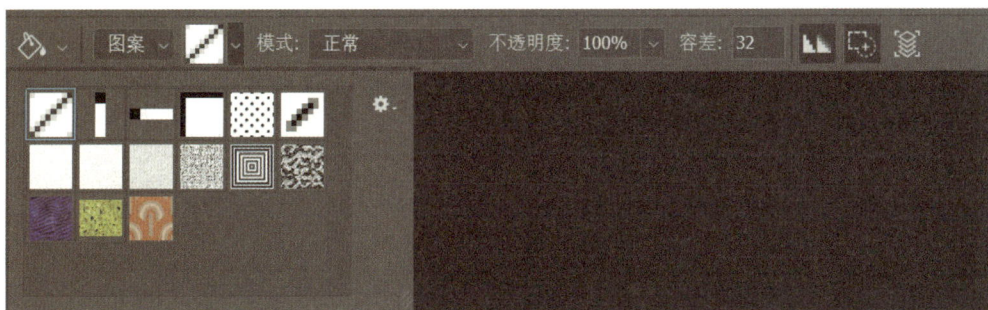

图3-131 "油漆桶工具"属性栏

（6）解锁所填充的背景图层，双击图层缩略图，调出图层样式对话框，勾选"图案叠加"，并再次选中刚才填充的图案样式，拖动其下面的缩放比例杆或输入相应数值，可适当修改图案填充的比例，如图3-133所示。完成作图3-134所示。

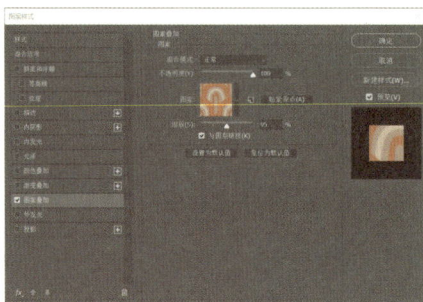

图3-132　执行填充　　　　　　　图3-133　图层样式对话框　　　　　图3-134　四方连续图案

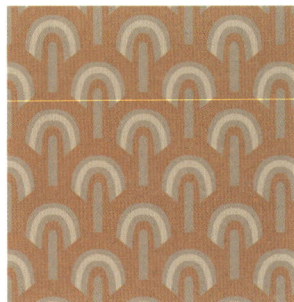

4.更多参考图例

其他更多图例如图3-135所示。

图3-135　其他图例

二、几何四方连续纹样

1.案例分析

如图3-136所示为一款苗族几何纹四方连续图案，几何纹样呈现一定的规律性，色彩变化对比强烈，纹样风格极为抽象现代。绘制这款四方连续时，首先应该考虑的还是如何确定其单独循环元素，它由两组图形元素共同构成，并且色彩具有穿插变化，因而视觉效果比较丰富，但同时增加了绘图的难度。

2.重点工具应用

应用软件为Photoshop，重点使用定义图案及填充图案等功能。

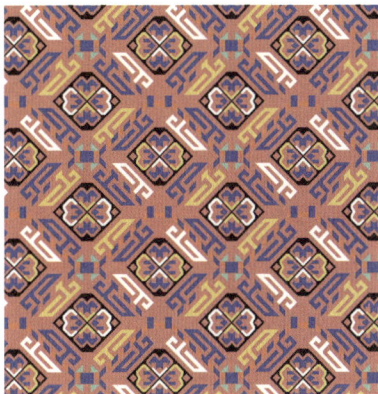

图3-136 苗族几何纹四方连续图案

3.操作步骤

（1）新建一个文件，设定尺寸为3cm×4.5cm，300dpi，RGB模式8位，白色背景。

（2）新建一个透明图层，在文件居中位置拉出一条横向辅助线，依据此辅助线，使用画笔工具画出一条水平直线，执行"自由变化"，在属性栏中输入旋转角度为45°，将它移动到画面最右边中心上方位置，效果如图3-137所示；使用钢笔路径工具，画出如图3-138所示的闭合图形，并填充色彩。

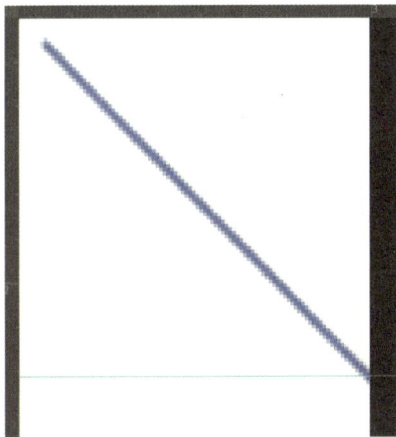

图3-137 绘制辅助线

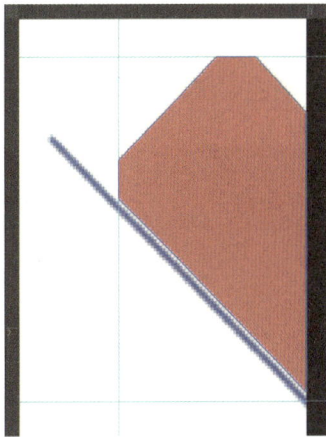

图3-138 绘制闭合图形

（3）新建一个透明图层，填充为黑色，置于这些图形图层的下方；同样方法使用钢笔路径工具在红色区域上方绘制蓝色区域和白色区域，如图3-139、图3-140所示，并依据需要适当添加辅助线，使图形形状调整至规范状态。同时选中这几个图层建立链接，然后复制这些链接图层，执行"自由变换"→"垂直翻转"，移动到适当位置，拼合成如图3-141所示的效果，全图效果显示如图3-136所示。

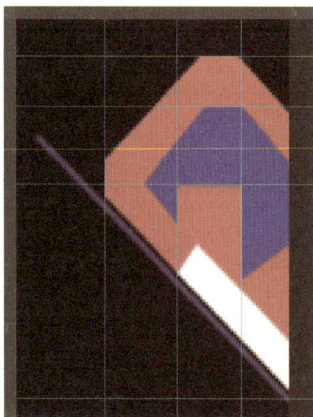

图3-139 绘制蓝色区域和白色区域

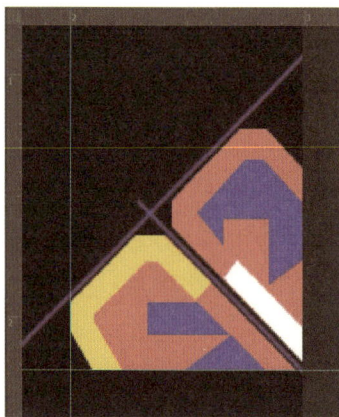

图3-140 绘制蓝色区域和黄色区域

图3-141 拼合

（4）使用钢笔路径工具依次画出如图3-142所示的蓝色和红色图形，注意蓝色图形分为两个图层画出；拉出将文件宽度六等分的辅助线，依据辅助线位置画出橙色矩形图形，并复制粘贴至相应位置，如图3-143所示。

（5）复制图3-142中的蓝色和红色图形，并执行"自由变换"→"水平翻转"→"垂直翻转"，依次移动其位置至图3-144的位置；将图3-142～图3-144中的图形所在的图层全部选中并建立链接，复制图层，就复制下来一套图层，全选这一套复制图层，执行"自由变换"→"垂直翻转"，移动到画面下方对应位置，如图3-145所示。

（6）分别点击所复制图形所在的图层，调出钢笔路径属性栏，修改其色彩填充如

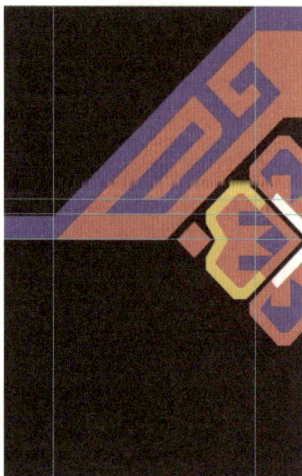

图3-142 绘制蓝色和红色图形

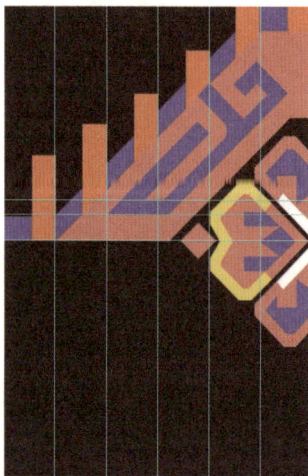

图3-143 绘制橙色图形

图3-144 移动

图3-146所示。

（7）点击图3-140所在的所有链接图层，复制一套链接图层，执行"自由变换"→"水平翻转"→"垂直翻转"，将之移动到画面的右上角位置，与边缘对齐；依次单击黄色和白色所在的图层，在钢笔路径属性栏中变更其色彩，形成如图3-147所示效果。

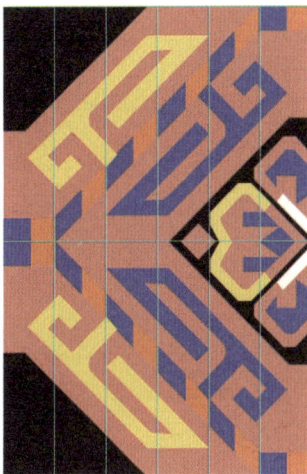

图3-145 翻转

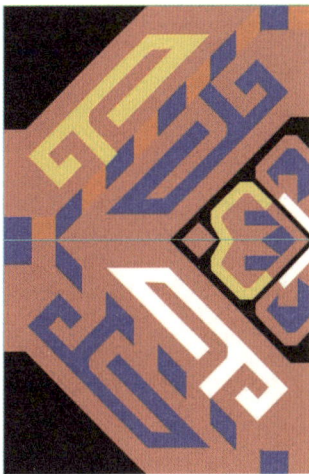

图3-146 修改复制图形图层钢笔
路径色彩填充

图3-147 修改黄色和白色所在
图层钢笔路径色彩填充

（8）复制步骤7图形所在的图层，合并这些图层，执行"自由变换"→"垂直翻转"，将之移动到画面左下角位置，并与边缘对齐；同样方法绘制→复制添加画面中的对称绿色三角形和红色三角形，完成效果如图3-148所示。

（9）点击菜单栏中图像—画布大小，在跳出的对话框中变更画布宽度为6cm，并使原有画面居于画布的左中位置，如图3-149所示；将所有打开的图层选中并建立链接，复制这套链接图层，并执行"自由变换"→"水平翻转"，移动到拓展画布的右边，与原图对正；单击需要调整色彩的图层，在钢笔路径→属性栏中替换色彩，完成效果如图3-150所示。

图3-148 绘制对称三角形

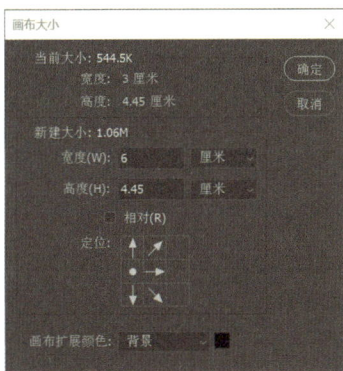

图3-149 画布大小对话框

图3-150 调整色彩

（10）选择菜单栏中"选择"→"全选"，然后点击"编辑"→"定义图案"，在弹出的对话框中点击"确定"，即将刚才的作图生成为新的图案；新建一个A4文件，点击工具栏中"油漆桶工具"，在其属性栏中勾选"图案"填充，并在图案下拉框中选中刚才定义的图案，执行填充，效果如图3-151所示；裁切成为所需画面尺寸，形成效果如图3-152所示。

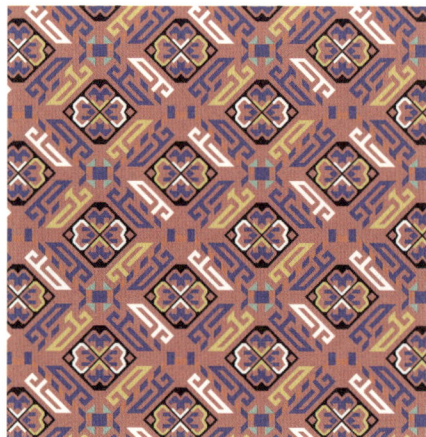

图3-151　执行填充　　　　　　　　　图3-152　苗族几何纹四方连续图案

本章小结

- 数码印花的定义、印花图案分类及其形式美法则表现。
- 如何运用电脑通用设计软件绘制单独纹样和适合纹样。
- 如何运用电脑通用设计软件获取纹样肌理效果。
- 如何运用电脑通用设计软件绘制四方连续图案。

思考题

1. 什么是数码印花？印花图案大致是怎样分类的？
2. 简述数码印花图案遵循的形式美法则。
3. 运用数字化技术绘制图案纹样的意义何在？

扫二维码观看本章教学视频（共12个）

20.应用案例1任务1绘制牡丹花瓣1	21.应用案例1任务1绘制牡丹花瓣2	22.应用案例1任务1绘制牡丹花瓣3	23.应用案例1任务1绘制花蕊及叶子
24.应用案例1任务1绘制叶子	25.应用案例2任务1单色编织	26.应用案例2任务1印花	27.应用案例2任务2镭射效果1
28.应用案例2任务2镭射效果2	29.应用案例2任务3棉绗缝效果	30.应用案例3任务1单独元素绘制	31.应用案例3任务1连续纹样绘制

第四章

服装平面款式图

- 课题名称 │ 服装平面款式图

- 课题内容：

    1.AI常用绘图软件及工具介绍

    2.平面款式图基本绘制方法

    3.平面款式图局部绘制方法

    4.女装款式图案例

- 课题时间 │ 30课时

- 教学目的 │

    通过演示如何使用Adobe Illustrator软件绘制平面款式图，使学生充分掌握软件的使用方法，理解
款式图局部及整体的关系和绘制要领。

- 教学方式 │ 理论教学、实践教学

- 教学要求 │

    1.了解Adobe Illustrator软件基本知识以及使用方法；根据模仿绘制简T恤衫，初步掌握一般绘制过
程和平面款式图结构。

    2.理解衣领、袖子、拉链、腰带四种款式图局部的绘制要领和步骤；熟练掌握AI软件基本操作技法；
能够熟练并可以独自完成局部款式图的绘制。

    3.综合运用AI工具进行款式图的绘制；理解上衣、裙装、西装三种款式图的绘制要领和步骤。

- 课前准备 │ 计算机、Adobe Illustrator软件安装；收集整理相应的平面款式图资料，阅读相关书籍。

第一节 AI常用绘图软件及工具介绍

一、AI与服装设计

AI的全称是 Adobe Illustrator，是 Adobe 公司制作的著名矢量图形处理软件。矢量图一般由直线或者曲线构成，无论是放大缩小还是旋转都不会失真。依照AI的特性，在服装行业中多用来绘制服装设计款式线稿图。它不仅可以表达出服装款式的设计要点，还能够极大地推动设计者进行艺术表现的准确性和多样性。AI还可以让服装款式图做到线条精准、结构清晰、比例合理，这些有效信息可以帮助设计师对服装结构有进一步的设计和分析，有助于后续板师制板、工艺师加工和工厂的制作与生产。

用AI软件绘制出来的平面图也叫作AI平面款式图，它是一种着重以平面图形、线条特征表现（或包含细节说明）的设计图。它常见的应用有以下三种：

第一种是不特别要求细节的陈列展示用款式图，这种图只是为了表现陈列方案所呈现的效果，如图4-1所示。

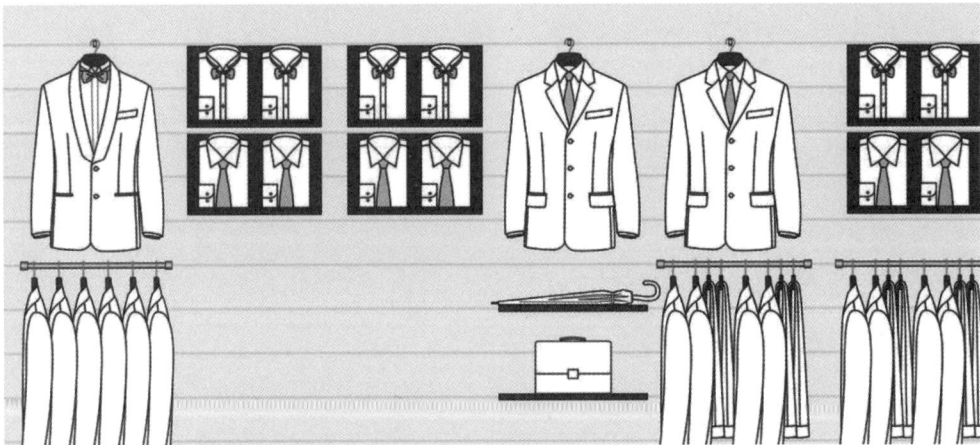

图4-1 陈列展示用款式图

第二种是设计师或者板师绘制的生产工艺单。这需要把带有文字说明的款式图做成表格，标写清楚所有的尺寸信息、工艺、特殊的细节设计，可以让生产和加工的人清楚如何制板、裁剪和缝纫。还有可能需要设计师绘制平面展开款式图，这是指导服装生产的一种表现手法，表达清晰明了，服装的正背面、外轮廓线造型、内结构线与分割线等细节表达得很清楚，有时会画出侧面造型或局部细节放大图。

　　第三种就是用于产品宣传册或者作品集。款式图可以让设计呈现的方式更加专业和清晰，让观看者一目了然设计重点和款式，如图4-2所示。

LOOK 1

Linen yarn dyed apron dress
100% linen

图4-2　作品集（设计师品牌julia jentzsch）

　　AI平面款式图不同于效果图，款式图是为了看清楚服装的款式，注重体现结构，服装线条利落清楚，所有细节一目了然；效果图主要是展示服装的设计风格和整体造型，一般非常具有个人或品牌风格。因为着重点不同，所以表达方式和软件的使用都是不同的，如图4-3、图4-4所示。

图4-3　款式图

图4-4　效果图

二、工作界面以及工具

打开 llustrator 后，可以看到基本的工作界面，如图4-5所示。llustrator 的基本工作页面包括菜单栏、属性面板、工具栏、面板和绘图工作区五个部分。下面简单地介绍各个组成部分的功能以及包含的主要绘制工具。

1.菜单栏

菜单栏位于工作页面的最上方，主要包括"文件""编辑""对象""文字""选择""效果""视图""窗口""帮助"九个选项，每个菜单包含许多各自的子菜单，如图4-6所示。

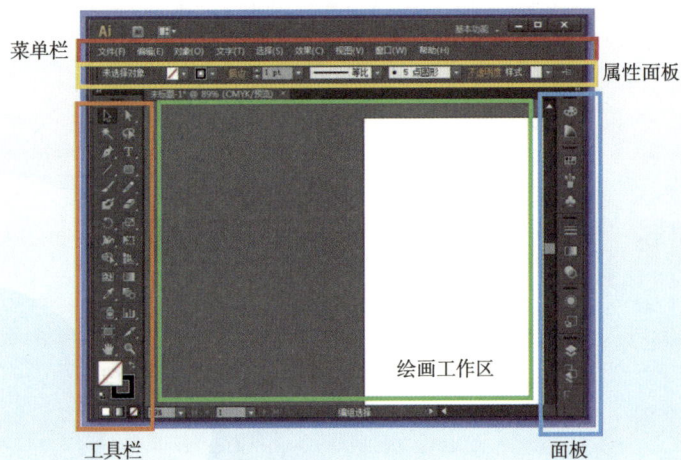

图4-5　工作界面

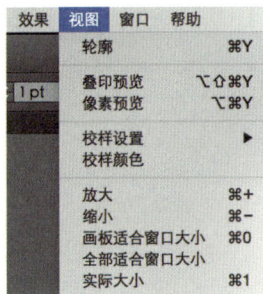

图4-6　菜单栏

2.属性面板

紧挨着菜单栏下方的就是属性面板。面板中的内容不是固定的，而是配合"工具栏"中的各种工具使用。当选中一种工具时，属性面板上的内容也会随之变化，如图4-7所示。如果属性面板隐藏或是不显示，可以通过点击菜单栏的"窗口"，勾选"控制"即可调出，如图4-8所示。

图4-7　属性面板

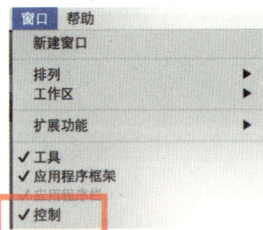

图4-8　调出属性面板

3.工具栏

工具栏位于工作界面左侧，是使用频率很高的区域，它包含了绘制中经常使用的所有工具，点击图形"<<"可对工具栏进行一列或两列的调整，如图4-9所示。将光标放在工具栏，会显示工具名称及快捷键，也可直接用快捷键操作，如图4-10所示。若工具栏关闭或者不显示，可选择菜单栏中的"窗口"→"工具"，选择"默认"将其调整出，如图4-11所示。大部分工具图标的右下角带有白色三角形，把鼠标放在三角形上，然后单击右键或长按左键，便可打开隐藏的工具组；若是想将隐藏的工具单独罗列出独立面板，则点击弹出菜单右侧的">"即可，如图4-12所示。

图4-9 工具栏列数调整

图4-10 工具名称以及快捷键

图4-11 调出工具栏

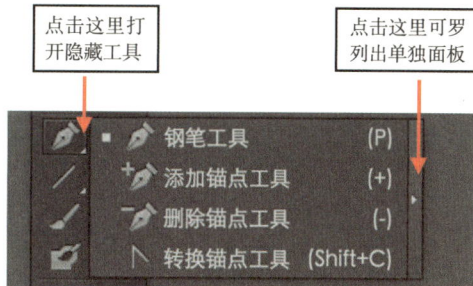

图4-12 调整工具组

其中，绘制款式图所使用的最主要的工具叫作"钢笔工具"，借助钢笔工具，可以生成所有类型的元素，如曲线、闭合形状和直线。用"钢笔工具"在画板上单击形成的点叫作"锚点"，"锚点"左右出现的直线叫作"手柄"。"手柄"可以调整"锚点"和"锚点"之间线段的弧度大小，如图4-13所示。

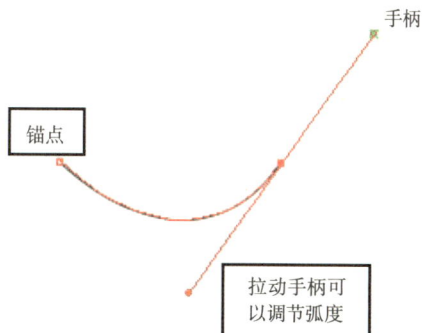

图4-13 "锚点""手柄"

4.面板

面板位于工作界面的右侧，默认状态下是折叠的，可根据实际的需求进行编组、展开、堆叠或是自由浮动。与工具栏相似，点击"<<"即可控制其为展开详细设置或为缩略图标的形式。在面板里面可以快速调出设置数值和参数，方便图像处理。若工具栏关闭或者不显示，可单击菜单栏中的"窗口"中自行选择调出，如图4-14所示。

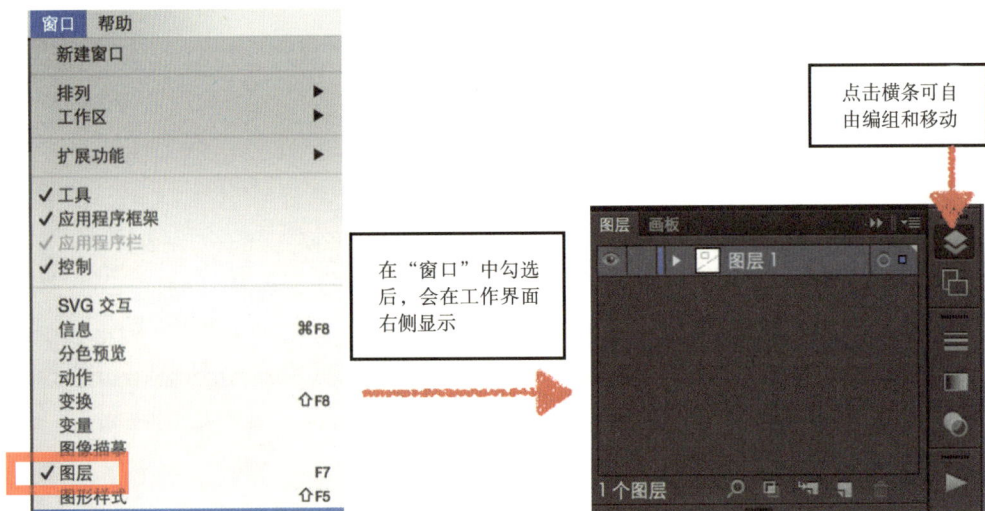

图4-14 调出面板

5.绘图工作区

绘图工作区是界面的主要部分，是绘图工作的区域，在白色的画板范围内外均可进行绘画操作。

（1）新建画板。选择菜单栏中"文件"→"新建"选项，弹出"新建文档"对话框。在对话框中可以对新文件进行命名；默认画板数量为1，也可以手动输入所需画板数值；单击"大小"选项右侧下拉按钮选择系统设置的任意尺寸，也可以在长度与宽度选项内手动输入自定义尺寸；取向栏默认纵向；然后单击"确定"，如图4-15所示。

（2）新建画板工具。需要建立新的画板有两个方式。第一，可以在工具栏中找到"画板工具"，在灰色区域

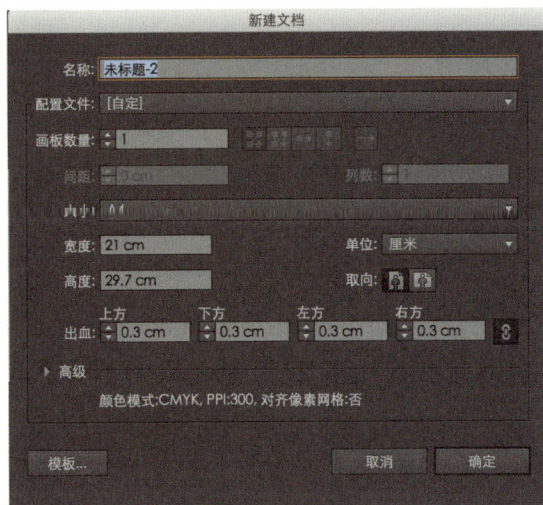

图4-15 新建文档

点击并拖动鼠标，即可得到一个新的画板，如
图4–16所示。第二，在右侧面板组中找到
"画板"选项，单击选中后可以看到弹出的"画
板"对话框，在对话框右下角单击"新建画
板"，即可得到第二张画板，如图4–17所示。

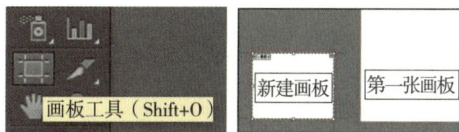

图4–16　新建画板方法一

（3）更改画板大小与位置。单击选中工具
栏"画板工具"，此时工作区内画板四周将以
虚线显示，用鼠标拖动任意一角的点即可修改
画板大小；单击选中工具栏"画板工具"，把

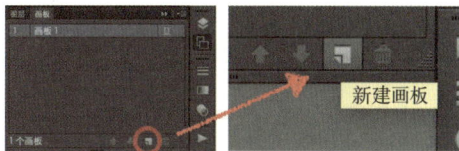

图4–17　新建画板方法二

鼠标放置在白色画板内任意位置，按住鼠标不动并拖动鼠标，即可更改画板到任意位置。

（4）更改视图大小。通过键盘"Ctrl+"和"Ctrl–"可修改画板在工作区域的视觉大小，
放大可方便绘制细节。

第二节　平面款式图基本绘制方法

在初步使用AI软件进行款式图绘制时，由于对绘制工具、绘制步骤不熟练，对服装结构
与比例把握不准，若直接进行绘制，很容易导致款式图比例失衡、线条不够流畅。所以，可
以先进行一定的临摹练习，提高对绘制工具的熟练程度和对服装结构的把控能力后，再进行
下一阶段的学习。

一、放置辅助工具以及检查绘图工具

平面款式图要符合人体结构比例，如肩宽、衣长、袖长之间的比例等。由于人体是对称
的，凡需要对称的地方一定要左右对称（除不对称的设计以外），如领子、袖子、口袋、省
缝等部位的对称。因此，在打开AI软件、建立好新画板后需要先放置辅助工具，即标尺和参
考线，来辅助绘制的精准性。

1.标尺
在菜单栏中选择"视图"→"标尺"，点击"显示标尺"后即可在工作区的上边和左边
看到弹出的带有刻度的一行和一列标尺，如图4–18所示。

2.参考线
参考线分为参考线和智能参考线两种，一般常用的是参考线。参考线可以通过把鼠

图4-18　标尺

图4-19　参考线

标放在左侧的标尺上，按住鼠标左键向右侧拖动，即可得到一条带有颜色的参考线。同理，按住上面的标尺往下拖动，也可以得到一条带有颜色的参考线。若需要清除参考线，则先单击选中需要清除的参考线，然后在"视图"的"参考线"选项中，选择"清除参考线"即可删除全部的参考线，如图4-19所示。

3.钢笔

绘制款式图的主要工具是"钢笔工具"。在开始绘制之前，需要先检查钢笔工具是否填充好颜色。在工具栏靠下的位置有两个半重叠的正方形，左上角正方形控制的是"填充"色，右下角正方形控制的是"描边"色。先单击选中左上角的方形，再点击右下角红色斜杠的方框，这样就把填充色设置为无色。然后选中右下边的方框，接着点击左下角黑色小正方形，这样设置好后，在绘制图形时将没有填色，只有描边，如图4-20所示。如果需要改变"填色"或者"描边"的颜色，双击"填色"或"描边"的小方块，会弹出"拾色器"对话框。在"拾色器"内选择所需颜色后，单击"确定"，"填充"或"描边"的小正方形内便会显示新的颜色，如图4-21所示。

图4-20　调整好后的状态

图4-21　拾色器对话框

二、置入临摹图片

置入图片之前，先要下载所需图片并保存到计算机中。确定好图片在电脑里的位置后，选择菜单栏中的"文件"→"置入"，单击选中需要置入的图片后，再单击右下角置入键，然后单击一下空白的工作界面，图片出现在工作界面上，如图4-22所示。

置入图片后，首先调整工作区内的图片位置和大小，图片中的T恤衫需要以参考线为对称轴，呈左右对称，如图4-23所示。图片大小与位置的调整可以利用"工具栏"中最上方的"选择工具"。选中选择工具后，把鼠标箭头放在图片上，并长按住左键，就可以对图片进行移动；把鼠标箭头放在图片任意一个角上，并同时按住Shift键和鼠标左键，就可以对图片进行等比例缩放。在之后的绘制中，可以置入人体图片或者人体比例图作为款式图绘制的模板。

为了在临摹时保证图片和参考线不被编辑或和款式图线条融为一体，后期可以快速取用画好的款式图，或是在同一个文档中对同一个图片进行多次临摹绘制。在这几种情况下，需

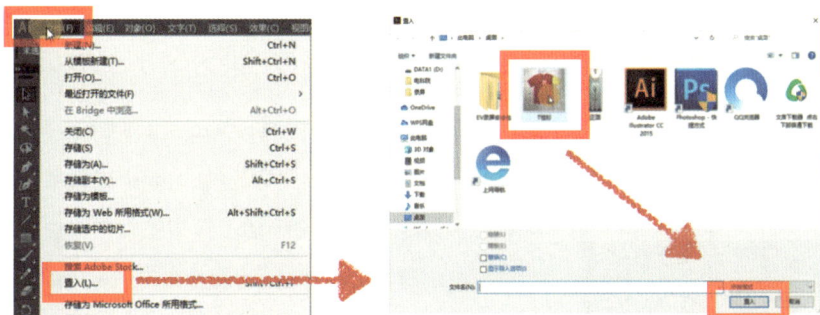

图4-22　置入临摹图片

图4-23　调整图片位置和大小

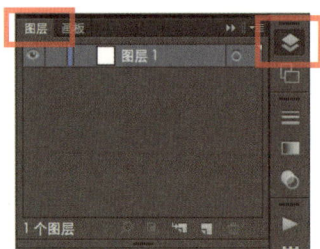

图4-24 图层、画板对话框

图4-25 图层对话框

图4-26 创建新图层

图4-27 最后调整好的状态

要把图片和参考线作为模版单独放在一个图层上，然后建立新图层，在新图层上再对图片进行临摹。新图层可以通过工作区右侧的面板组"图层"选项进行建立，如图4-24所示。也可以通过菜单栏中的"窗口"→"图层"，单击"图层"后，对应的对话框便会弹出在工作区内，如图4-25所示。

单击"图层"对话框最下面一排中间的"创建新图层"，即可得到第二个图层，再次点击，可以获得更多的图层，如图4-26所示。最后选中"图层1"，单击"切换锁定"，再单击选中"图层2"，即可锁定图层1上的所有内容，不能够被编辑，并可以在图层2上进行临摹，如图4-27所示。

三、临摹图片

1.绘制前领口线

绘图的顺序一般是从左到右，从上到下。因此，先从前领口线入手，在左肩上靠近领口的位置，单击绘制第一个锚点，然后用鼠标在中线上落下第二个锚点，但是不要松开鼠标左键，同时按住Ctrl键后，左右拖动鼠标可以在水平线上控制线条弧度的大小，当弧线和图片上的前领口线重合以后，也就是左右手柄是90°垂直于中线的时候，就可以同时松开Ctrl键和鼠标，如图4-28所示。最后按住Ctrl键，单击画板任意空白处，准备继续画下一笔。

2.绘制肩线、侧缝线、底边线

（1）肩线。单击左肩上的点（第一个点），沿着肩线向肩头画一条直线，落点为第三个点，这个点一般是在袖子和身体的接缝处。第四个点落在腋下的位置，这时不要松开鼠标，通过拖拽锚点来调整弧线的形状。当弧线和图片上的接缝线重合时即可松开鼠标，如图4-29所示。

（2）侧缝线。首先需要单击一下第四个点，然后下拉鼠标，找到服装最左下角单击一下为第五个点。这时，第四个点和第五个点之间就形成了一条直线，也就是左侧侧缝线，如图4-30所示。

（3）底边线。一般款式图在表现底边线时需要有一点点弧度，不是水平的一条直线。因此，在单击一下第五个点后，向中心线上水平靠下一点的位置上单击一下为第六个点（位置大概在图片中衣服下摆的靠下一点）。这时，不松开鼠标，同时按住Ctrl键来调整弧线。调整好后同时松开Ctrl键和鼠标，左边底边线绘制完成。最后按住Ctrl键，鼠标单击画板任意空白处结束绘制，如图4-31所示。

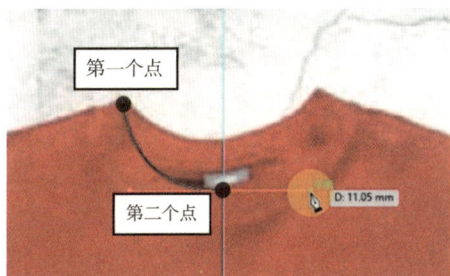

图4-28 弧线和前领口线重合

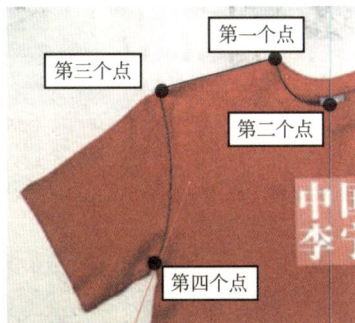

图4-29 弧线和接缝线重合

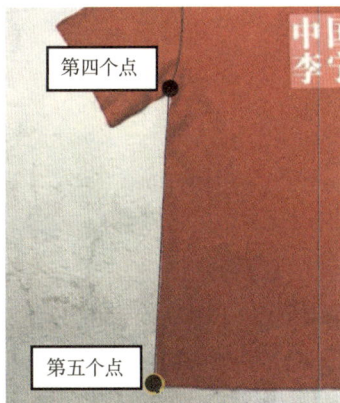

图4-30 绘制侧缝线

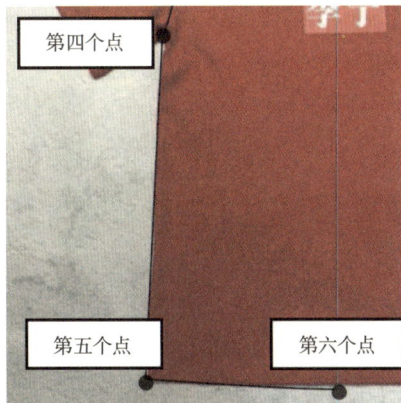

图4-31 绘制底边线

3.绘制袖子

换用直接选择工具，选中第三个点和第四个点之间的弧线，用快捷键Ctrl+C对这条弧线进行复制。然后在菜单栏中选择"编辑"→"贴在前面"，立即在原处得到一条相同的弧线，如图4-32所示。

换回钢笔工具，单击这条新弧线的锚点（第三个点的位置的点），再单击图片上的外侧袖口做直线，即为第七个点，如图4-33所示。继续单击下面的右侧的袖口作直线，即为第八个点，如图4-34所示。最后单击腋下的点（第四点位置的点）作直线，就可以形成一个完全闭合的形状（蓝色面积），如图4-35所示。

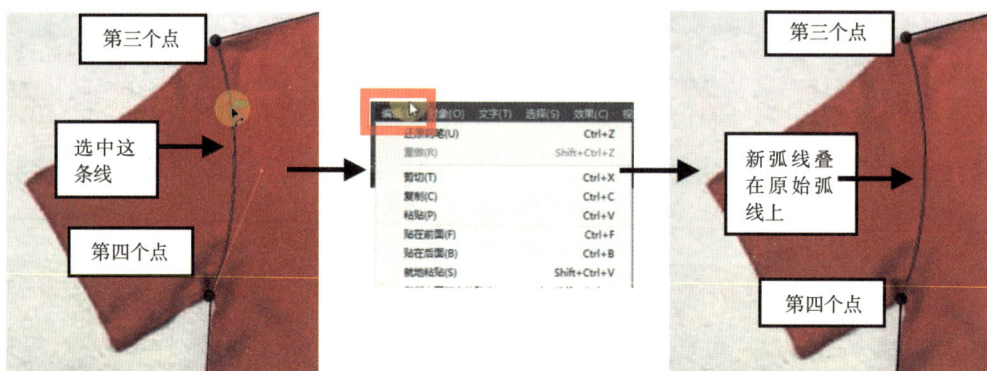

图4-32　复制新弧线

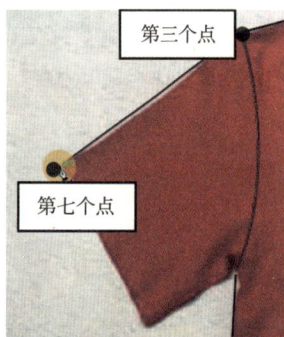

图4-33　第七个点　　　　　图4-34　第八个点　　　　　图4-35　形成闭合形状

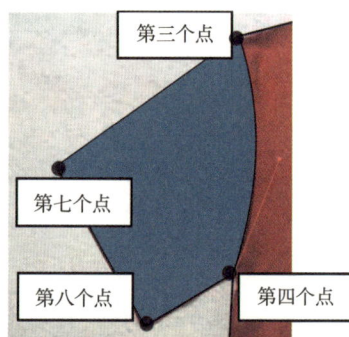

4.完成领口细节

　　使用直接选择工具选中前领口线后，按快捷键Ctrl + C对其进行复制，然后在菜单栏中选择"编辑"→"贴在前面"，用键盘上的向下键对刚复制好的线条进行移动，如图4-36所示。移动到合适的位置后，使用"直接选择工具"，按住弧线左端的锚点，拖动锚点，对其位置进行调整，使之落在左肩线上。下一步是按住Shift键后，用鼠标按住弧线右端锚点左边的手柄向左侧拉动，来调整这条线的弧度，使得这条线和之前画过的前领口线几乎保持平行，如图4-37所示。最后按住Ctrl键，鼠标单击画板任意空白处结束绘制。

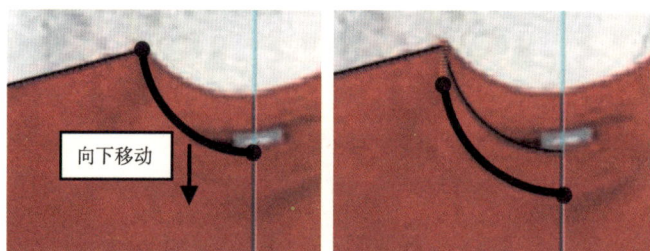

图4-36　移动线条

服装后片的领口。首先使用钢笔工具单击最开始的第一个点的位置，下一个点落在中心线上，即第九个点。不松开鼠标，同时按住Ctrl键来调整弧线的弧度，使之与原图片上的后领口重合，如图4-38所示。最后按住Ctrl键，鼠标单击画板任意空白处结束绘制。

鼠标再一次单击第一个点，在前领口线上取和后领口线相交的地方画出弧线，并调整好线条弧度，这条线必须和下面的弧线重合，即第十个点，如图4-39所示。原地单击第十点一次，下一个点落在参考线上，即第十一个点，并同时按住Ctrl键，调整弧度，如图4-40所示。

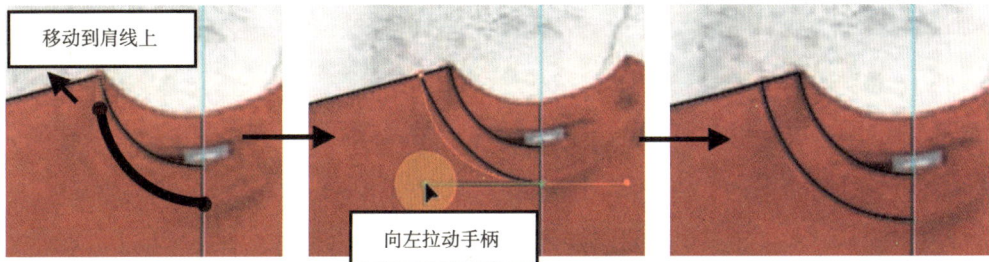

图4-37 调整弧线弧度

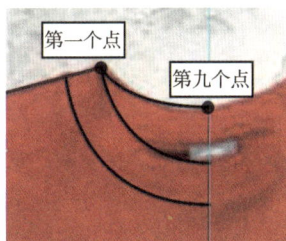

图4-38 绘制第九个点　　图4-39 绘制第十个点　　图4-40 绘制第十一个点

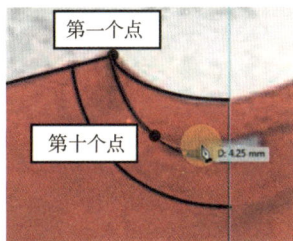

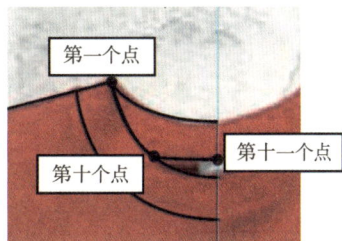

5.镜像图形

单击工具栏中的选择工具，选中图中所有线条，使用快捷键Ctrl + C对其进行复制，然后在顶部菜单栏"编辑"中单击选择"贴在前面"。接着在工具栏中找到"旋转工具"，鼠标左键单击并长按右下角的小三角，立即会显示出隐藏的"镜像工具"，如图4-41所示。选中"镜像工具"后，鼠标会变成十字形状。把十字的竖线对准参考线，单击一下，然后在空白位置再单击一下并不松开鼠标，同时按住Shift键，通过移动鼠标，把复制的内容翻转到对称的位置即可，如图4-42所示。

6.链接路径

选用直接选择工具。选中刚才参考线上的左右衔接点，这里需要注意的是，一次只能选中一个衔接点。单击鼠标右键，选择"连接"，这样左右两条线即可连接成为一条线，线条所在的图形为闭合图形，如图4-43所示。其他所有衔接点都需要用同样的办法一一进行连接。若衔接点已被连接或是两条线没有连接上，则会弹出对话框，如图4-44所示。

图4-41 镜像工具

图4-43 连接成线

图4-42 翻转对称

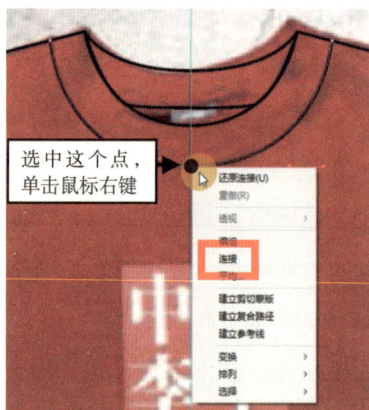

图4-44 弹出对话框

四、保存文档

先在右侧面板中点击"图层",点击图层1左边的"切换可视性",把图层进行隐藏,临摹图片所在的图层1就会消失在工作区内,如图4-45所示。然后打开菜单栏中"文件",在下拉菜单中单击"存储"即可,图层2将会被单独保存,如图4-46所示。以这种方式进行保存,格式一般默认为"AI格式",若需要保存为其他格式,比如pdf格式,那么打开"菜单栏"里的"文件",在下拉菜单中单击"储存为"或"导出",选择想要的格式即可。最终呈现效果如图4-47所示。

对于服装行业来说,最优先推荐的格式是tiff格式。这个格式的优势在于只在保存所画的图形,背景画布不会进行保存,在之后的编辑中,不会因为背景画布过大而遮盖其他图像。

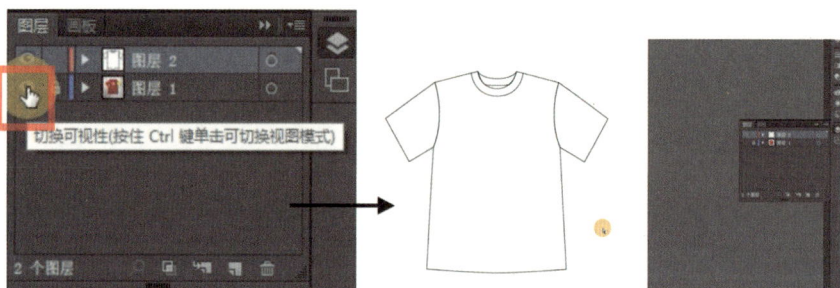

图4-45 隐藏图层1

图4-46 图层单独保存

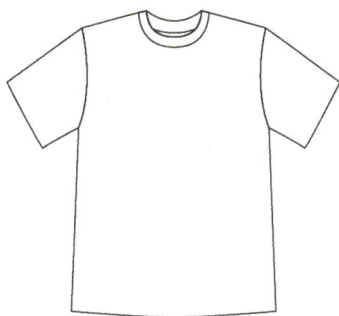

图4-47 完成图

第三节 平面款式图局部绘制方法

　　服装款式图的绘制是各个部件之间相互连接呼应而形成的一个整体，除轮廓线外，必须依靠各种内部结构来支撑。绘制款式图时，只有把每个服装的局部绘制精细，组合到一起的服装款式图才会结构清晰、干净整洁。如图4-48所示的基础款衬衫，款式简单，无过多设计，但是细分结构后会发现它由很多部分组成，包括：领子、袖子、前片、圆弧的下摆、纽扣、胸前的口袋、门襟、装饰。这些元素在款式图绘制过程中，都是单独存在和需要进行

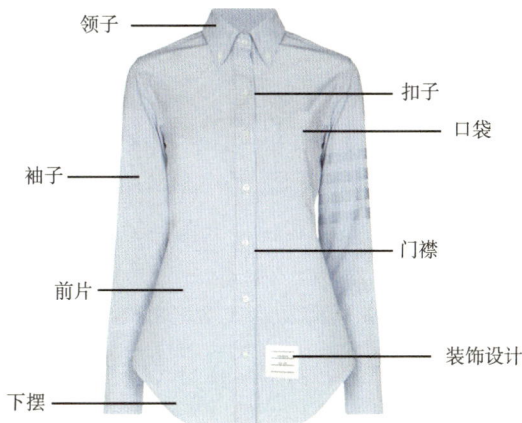

图4-48 基础款衬衫组成

单独绘制的一个部分。掌握局部绘制的技巧，可以更容易地理解服装整体的比例、分割和构造。

一、衣领绘制技法

衣领是服装至关重要的部分，它是视线集中的焦点。衣领绘制是以人体颈部的结构为基准，根据服装造型来确定领口宽、领口深、领口的具体造型。

（一）立领

立领款式如图4-49所示。

1.绘制前准备工作

在开始绘制之前，检查准备工作是否已经做好：建好画布，置入一张人台或模版图片作为款式图的参照模型，建立标尺和参考线，锁定图层1，增加图层2，并留在图层2上面，如图4-50所示。

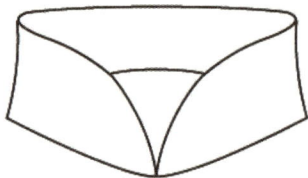

图4-49 立领款式

图4-50 准备工作

2.绘制领座前底口线和领高

首先用"钢笔工具"从左肩靠近颈部的地方落下第一个点，第二个点落在参考线上，并在前颈线往下一点的位置作弧线。然后回到左肩上的第一个点，向上画弧线，落点为第三个点，第一个点到第三个点的这条直线叫作领高。因为人的颈部是越靠近下颚越细，所以领高这条线的上端需要向右倾斜一点，来表示领口微微收紧，如图4-51所示。

3.绘制领窝轮廓

在人台的颈部线条上单击一点为第四个点，在这个位置作一条弧线，这个弧线需要穿过第三个点，落脚点为第五个点，如图4-52所示。

4.绘制前侧领口的轮廓

前侧领口的轮廓由至少两个锚点绘制出的弧线组成。单击第五个点后，在第五个点到第二个点的直线距离中间靠上的位置落下第六个点，并作弧线。接作连接第二个点，调整到合适的弧度后松开鼠标即可，如图4-53所示。

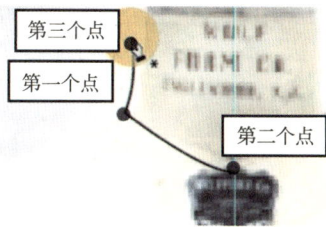

图4-51　绘制领座前底口线和领高

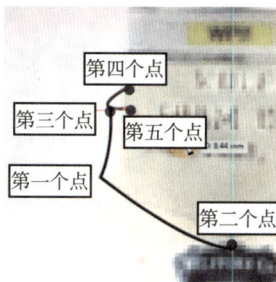

图4-52　绘制领窝轮廓

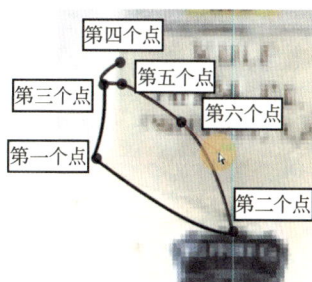

图4-53　绘制前侧领口的轮廓

5.调整领窝轮廓与前侧领口的轮廓

若第四个点到第二个点之间的线条不流畅，如图4-54所示，则可以对现有形状进行整体的调整，使之顺滑。选择"直接选择工具"选中需要调整锚点进行位置上的移动，例如第四个点。第四个点位置过高导致领窝形状向上翘起，可以通过向下移动第四个点来改善线条的真实性，以此类推，如图4-55所示。

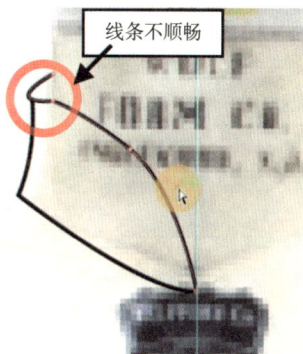

图4-54　调整前

图4-55　调整后

6.绘制后领轮廓

单击第四个点后，按住Shift键在参考线上落下一点，即为第六个点。两点之间形成的这条线不是水平垂直于参考线的，需要略有弧度，水平高度上略高于第四点，且和第三点、第四点能合成一条线，如图4-56所示。最后按住Ctrl键，鼠标单击画板任意空白处，结束绘制。

7.绘制后领底线

后领底线的第一个落点需要从前领的弧线处出发，位置大概在弧线中点靠上一点的位置，单击鼠标，即为第七个点。下一个点落到参考线上，这条线需要和上面的后领线基本保持平行，且和后领线的间距是和前领及前领底线的间距几乎一致的，即为第八个点，如图4-57所示。最后按住Ctrl键，鼠标单击画板任意空白处结束绘制。

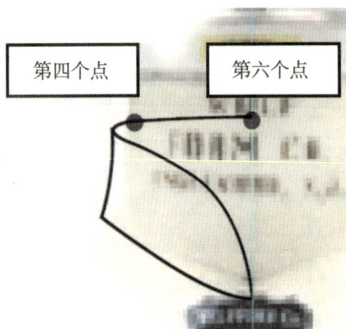

图4-56　绘制后领轮廓　　　　　　　　　图4-57　绘制后领底线

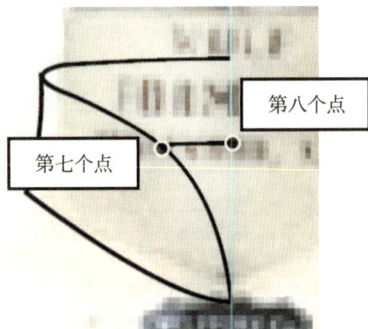

8.镜像复制图形并调整整体效果

此款立领为左右对称的款式，在绘制好左边的款式图后，可镜像复制出右边的部分。使用"选择工具"，选中所有刚才画过的左半部分的线条，用快捷键Ctrl + C进行复制。然后选择菜单栏"编辑"→"贴在前面"。在工具栏中选择"镜像工具"，用鼠标在参考线上单击一下，再在画板空白处单击一下，并同时按住Shift键，把复制好的部分旋转到右侧，旋转到位后同时松开鼠标和快捷键。最后，把所有翻折点进行连接，并且检查和修改位置不合适的锚点或者不顺滑的弧线，最终呈现效果如图4-58所示。

（二）翻领

翻领款式如图4-59所示。

1.绘制前翻折线

建立好新的图层后，选择"钢笔工具"，在人台颈部左侧线外单击鼠标，落下第一个点。向下向右移动鼠标，在大约颈部线和参考线中间的位置落下第二个点，不松开鼠标，调整一

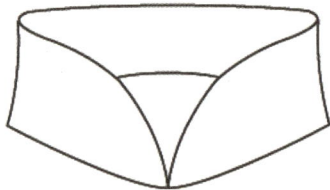

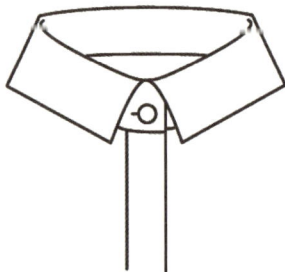

图4-58　完成图　　　　　　　　　　图4-59　翻领款式

下弧线的弧度。接着下移鼠标，在参考线上落下第三个点，二点到三点之间是弧线且第三个锚点需要画出一个小钩子的形状，方向向下，如图4-60所示。最后按住Ctrl键，鼠标单击画板任意空白处结束绘制。

选择"直接选择工具"，单击第一个锚点，在上方"属性面板"里找到"将所有锚点转换为平滑"，如图4-61所示。接着单击第一个锚点，可以发现第一个锚点增加了可以调节弧度的手柄，调节手柄，使线条形成一个小钩子的形状，如图4-62所示。

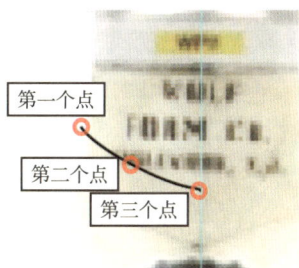

图4-60　绘制弧线　　　　图4-61　锚点转换为平滑　　　　图4-62　调节手柄

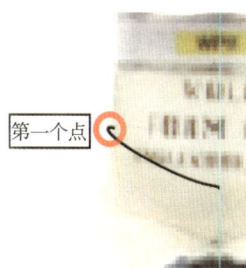

2.绘制翻领后折线与领外口线

使用"钢笔工具"选中第三个点向左斜下方画弧线，这条线是领子翻折过来以后的形状，落点为第四个点。接着向左斜上方作直线，锚点落在人台肩线上方1mm左右的位置上，即为第五个点。下面继续作直线，锚点落在第一个点的正上方，但并不和第一个点重合，即为第六个点。最后一个点落在参考线上，即为第七个点，并且这个锚点的水平高度稍微高于第六个点。落点后长按鼠标左键不动，同时按下Shift键，鼠标向右拖动，对弧线进行调节，如图4-63所示。最后按住Ctrl键，鼠标单击画板任意空白处结束绘制。

3.绘制后领底线

由于翻领后折线和后领底线是平行的关系，所以可以用快捷键Ctrl + C，对翻领后折

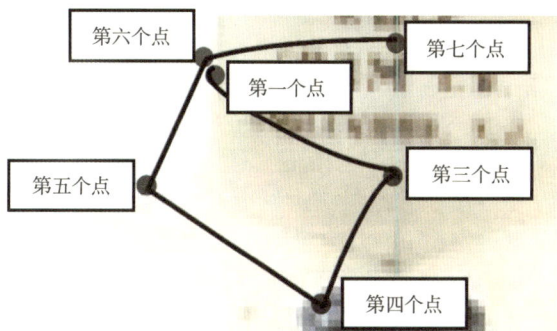

图4-63　绘制翻领后折线与领外口线

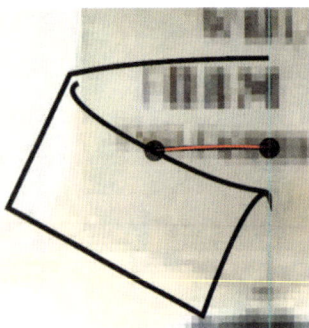

图4-64 绘制后领底线

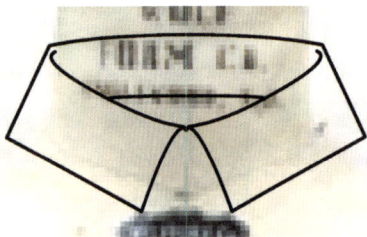

图4-65 整体效果示意图

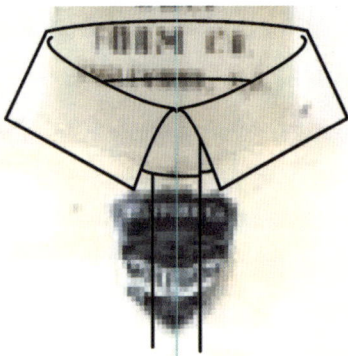

图4-66 绘制领座前底口线与门襟线

图4-67 完成图

线进行复制，然后选择菜单栏"编辑"→"贴在前面"。接下来用键盘上的向下键移动此条线到合适的位置，最后用"直接选择工具"把线条调节到合适的长度，如图4-64所示。

4. 镜像复制图形并调整整体效果

此款翻领为左右对称的款式，在绘制好左边的款式图后，可镜像复制出右边的部分。用"选择工具"选中所有线条，按快捷键Ctrl + C进行复制，在"编辑"里面找到"贴在前面"。在工具栏中选择"镜像工具"，用鼠标在参考线上单击一下，再在画板空白处单击一下，并同时按住Shift键，把复制好的部分旋转到右侧，旋转到位后同时松开鼠标和快捷键。最后把所有翻折点进行连接，并且检查和修改位置不合适的锚点或者不顺滑的弧线，如图4-65所示。

5. 绘制领座前底口线与门襟线

领座前底口线是被盖在翻领下面的弧线，在款式图中只能看到中间的一部分。并且女士衬衫的门襟是左侧压住右侧，所以右侧的前底口线不能和左侧连接成一条线。门襟线是两条平行的直线，可以用"钢笔工具"或者"直线段工具"画出。左侧的前底口线的第一个锚点是落在左侧领外口线上，向右侧作弧线，落下的点垂直于右边的门襟线。右侧的领座前底口线需要在靠上一些的位置，如图4-66所示。

6. 绘制简易纽扣

在工具栏里面选择"椭圆工具"后在画板空白处单击画圆，同时按住Shift键，可以得到一个正圆形，这就是纽扣的外轮廓。把纽扣调整好大小，并移动到合适的位置后，换成"直线段工具"画出纽扣的扣眼，如图4-67所示。

二、衣袖绘制技法

衣袖是服装设计中非常重要的部分。衣袖是通过袖山、袖身和袖口的设计来满足人体活动与审美的需求，每个部分的设计是否合理，都会影响衣袖造型的美观性和舒适性。本小节就以喇叭袖和插肩袖为例，重点讲解衣袖的基本绘制过程和方法。

（一）喇叭袖

喇叭袖款式如图4-68所示。

1.绘制上衣左半边轮廓线

在建立好画布后，从左肩开始绘制，画出肩线、袖窿线、左侧侧缝线和底边线，如图4-69所示。

2.绘制喇叭袖上半部分轮廓

使用"直接选择工具"单独选中袖窿线，用快捷键Ctrl + C复制这条袖窿线，在"编辑"→"贴在前面"，将会得到一条新的袖窿线，并且新旧线上下叠在一起。接下来换成"钢笔工具"，单击新袖窿线在肩头上的锚点，即为第一个点。下拉鼠标，在大臂位置落下第二个点，并按住鼠标不松开，调整肩头的弧度，如图4-70所示。然后向下作直线，第三个锚点落在肘关节靠上一点的位置，如图4-71所示。接着向右画一条直线，横过手臂，即为第四个点。再向上作弧线，直到和新袖窿线的腋下的锚点连接，即为第五个点，如图4-72所示。

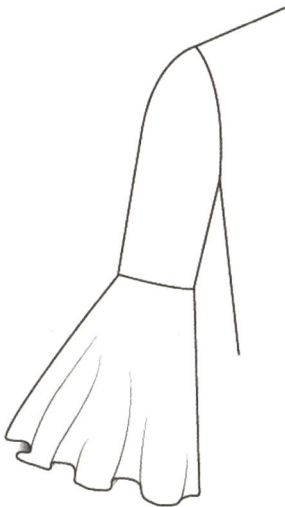

图4-68 喇叭袖

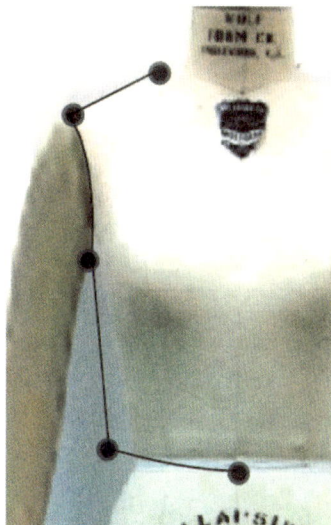

图4-69 绘制上衣左半边轮廓线

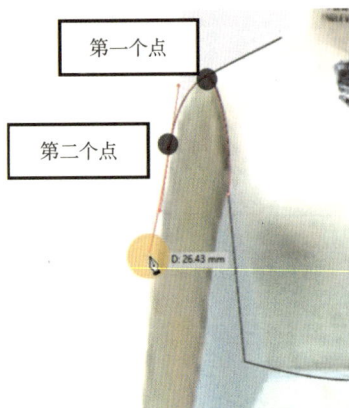

图4-70 绘制第一、二个点　　图4-71 绘制第三个点　　图4-72 绘制第四、五个点

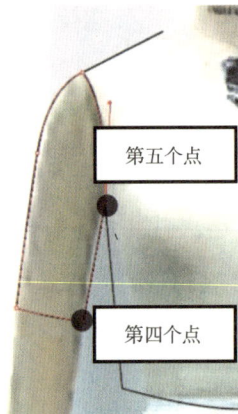

3.绘制喇叭袖下半部分轮廓

首先粗略估计喇叭袖的下摆需要开多大，若需要宽开口，在画喇叭袖时就要给袖口留足够宽的距离，窄袖口则反之。接下来用"直接选择工具"选中位于肘关节附近的这条线，使用快捷键Ctrl + C进行复制，选择菜单"编辑"→"贴在前面"，将会得到一条新线，并且新旧线上下叠在一起。使用"钢笔工具"单击新线条左边的锚点，也就是第三个点的位置，向左斜下方的位置作直线或者微微弯曲的弧线，即为第六个点。接着向右下角作一条弧线，并且调整弧线，落点为第七个点。原地单击一次第七个点，向上连接到第四个点，这条线是右侧轮廓线，可以是直线或者微微弯曲的弧线，绘制完成的喇叭袖下半部分轮廓为闭合图形，如图4-73所示。

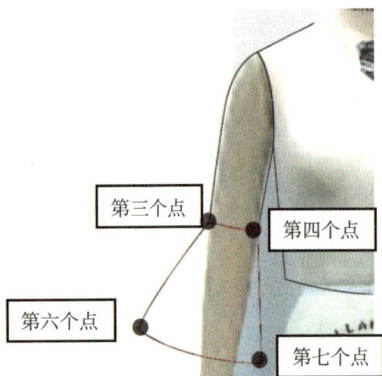

图4-73 绘制喇叭袖下半部分轮廓

4.绘制不规则袖口

用"直接选择工具"选中喇叭袖的底边弧线，然后在左侧的工具栏里面找到"铅笔工具"。铅笔工具相较于钢笔工具，画出的线条更自然，所以一般在绘制不规则的形状时都是倾向于使用铅笔工具进行绘制。单击选中"铅笔工具"，把喇叭袖均匀的底边弧线变成不规则的形态，如图4-74所示。这里要注意，"铅笔工具"的起笔和落笔的位置，一定要在这条选中的弧线上。若不满意绘制效果，可以用快捷键Ctrl+Z后退一步，重新进行绘制。最后用"选择工具"选中整个喇叭袖的下半部分，单击工具栏中的"填色"，选择白色为填充色。

5.增加立体效果

（1）画褶纹。使用"铅笔工具"在相应的位置画出由褶皱产生的褶纹，褶纹长短不一，直线、弧线均可，如图4-75所示。若绘制的褶纹没有出现在画板上，有一种原因是被喇叭袖覆盖，可用"直接选择工具"选中褶纹，单击鼠标右键，在"排列"的展开菜单中选择"置于顶层"来解决这个问题，如图4-76所示。

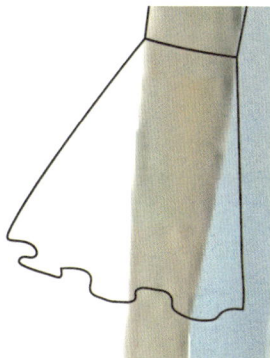

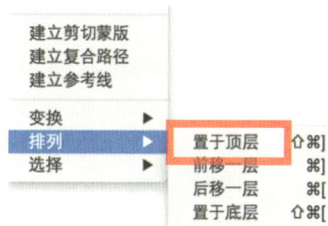

图4-74　绘制不规则袖口　　　　图4-75　褶纹　　　　图4-76　调整图层

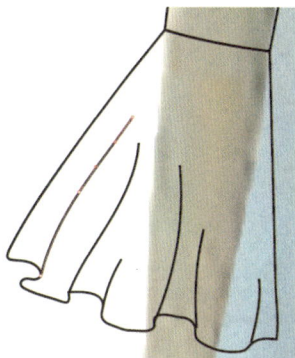

（2）褶纹精细化。用"直接选择工具"选中其中一条褶纹，然后在右侧面板里面单击"描边选项"，在弹出的对话框中打开"配置文件"的下拉菜单，对线迹的形状进行选择，如图4-77所示。接下来调整线条的粗细，在"描边选项"里面打开"粗细"的下拉菜单，选择"0.5pt"，如图4-78所示。所有的褶纹精细化后如图4-79所示。

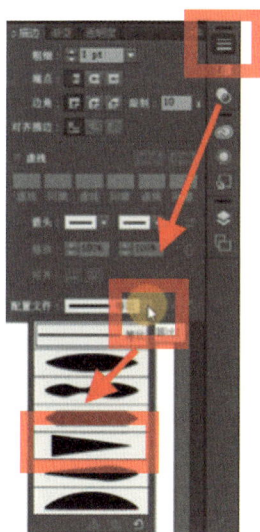

图4-77　"描边选项"对话框　　　图4-78　调整线条粗细　　　图4-79　褶纹精细化完成

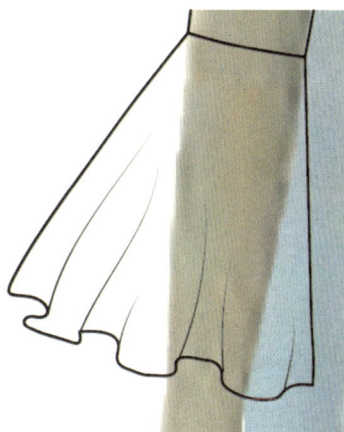

（3）增加阴影。使用"钢笔工具"在第一个点的位置落下一个锚点，并向第二个点的位置作一条直线，接着回到第一个点作弧线，弧线的形状尽可能和褶皱的弧度保持一致，如图4-80所示。接下来用"选择工具"选中这个图形，在"工具栏"中双击"填色"，在弹出的

对话框"拾色器"中选择浅灰色。或者在选择这个图形后，单击"填色"，再单击工具栏中的小方形"渐变"，图形将会变成黑白渐变色，继续单击"描边"，再单击小方块"无"。最后用"直接选择工具"选中这个半圆图形，单击鼠标右键，在"排列"的展开菜单中选择"置于底层"，如图4-81所示。按照以上步骤，依次把所有的褶纹都增加阴影。

最终呈现效果如图4-82所示。

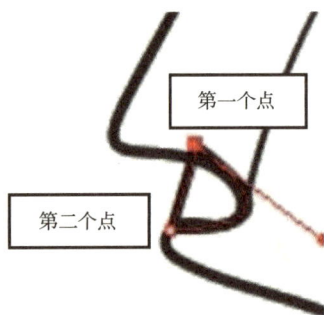

图4-80 绘制阴影弧线 图4-81 调整图层 图4-82 完成图

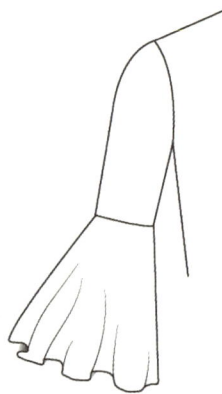

（二）插肩袖

插肩袖款式如图4-83所示。

1.绘制左侧袖子外侧轮廓

在建立好画布后，按照人台胳膊的形状，依次从左肩肩头向下绘制，可落下多个锚点。绘制到手腕处时，向右侧作弧线为袖口线，如图4-84所示。最后按住Ctrl键，鼠标单击画板任意空白处结束绘制。

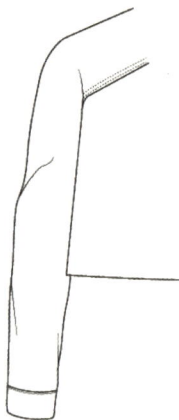

图4-83 插肩袖款式 图4-84 绘制左侧袖子外侧轮廓

2.绘制左侧插肩线、侧缝线、底边线

使用"钢笔工具"从前胸靠上的位置落下第一个锚点，然后向左且平行于肩线作直线，第二个锚点落在腋下靠上的位置。第三个点落在腋下，做弧线。接下来向下画一条直线，落点为第四个点，这条线就是衣身的左侧轮廓线。最后向参考线作弧线，为左侧下摆线，落点为第五个点，如图4-85所示。最后按住Ctrl键，鼠标单击画板任意空白处结束绘制。

3.补齐左侧内侧袖子轮廓

使用"钢笔工具"单击袖口线右侧的锚点，向上作直线，这条直线连接到衣身左下角靠右边一些的位置，就完成了右侧的轮廓线，如图4-86所示。

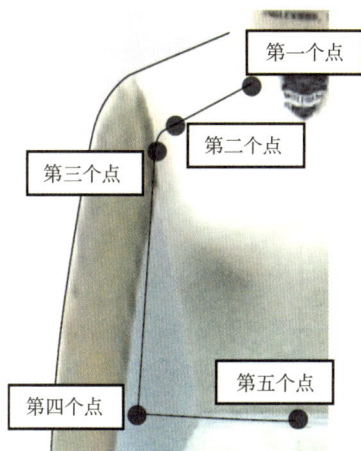
图4-85 绘制左侧插肩线、侧缝线、底边线

图4-86 补齐左侧内侧袖子轮廓

4.增加细节

（1）袖口缝合线。使用快捷键Ctrl + C复制袖口线，在"编辑"里面找到"贴在前面"，将会得到一条新的袖口线，并且新旧线上下叠在一起，接着用键盘的上下左右键移动新的袖口线，最终的位置在袖口靠上一点的位置且平行于袖口线，如图4-87所示。

（2）插肩褶纹。使用"铅笔工具"从第三个点向上画一条向左弯的弧线，然后利用"描边工具"调整弧线的粗细、形状，如图4-88所示。

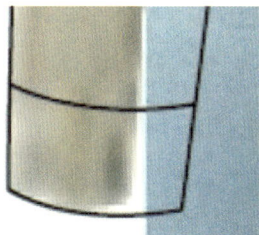
图4-87 绘制袖口缝合线

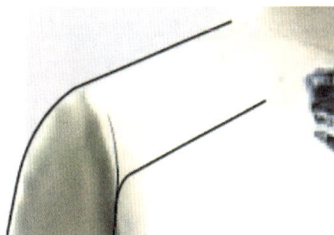
图4-88 绘制插肩褶纹

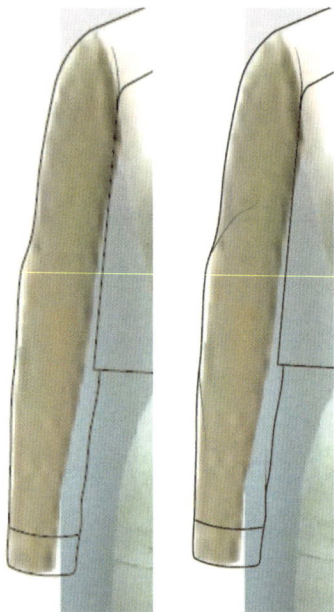

图4-89　调整衣　　　图4-90　增加
袖轮廓线　　　　　　面料褶纹细节

（3）调整衣袖轮廓线与增加褶纹。使用"直接选择工具"选中需要调整的衣袖轮廓线后，在工具栏中选择"铅笔工具"，对刚刚绘制的直挺的衣袖轮廓线进行调整。调整方法和之前绘制不规则袖口的方式是一样的，如图4-89所示。最后在明显凸或者凹的位置适当增加面料褶纹细节，并利用"描边工具"依次调整好褶纹的粗细、大小、长短，如图4-90所示。

（4）缝纫线迹。此款衣袖有两处需要增加缝纫线迹，一个是袖口处，另一个是插肩线处。在AI款式图中，缝纫线迹的表示方式就是虚线。首先，用"直接选择工具"选中袖口缝合线，使用快捷键Ctrl + C复制袖口缝合线，选择"贴在前面"，敲击键盘上向下键两次对新的缝合线进行拖动。接着在右侧"面板"中找到"描边工具"，在弹出的对话框中勾选"虚线"，把下方参数调整到"1pt"虚线、"1pt"间隙。一般虚线线迹要比轮廓线和缝合线细一些，因此"粗细"调整为"0.5pt"，如图4-91所示。另一处插肩上方的缝纫线迹绘制过程与袖口处的绘制过程相同，只不过需要作两条平行的缝纫线迹，如图4-92所示。这里对虚线设定的参数不是固定数值，可以随实际缝纫线和设计效果进行调整。

最终呈现效果如图4-93所示。

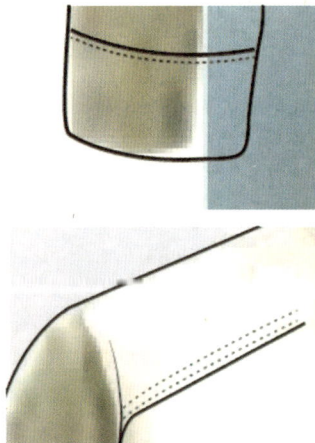

图4-91　参数设定　　　　　　图4-92　虚线效果　　　　　　图4-93　最终效果

三、拉链绘制技法

在款式图里面，拉链一般会有两种形态，一种是单边拉链，另一种是双边拉链。单边拉链一般在打开门襟状态的平面款式图上用到，双边拉链在闭合门襟状态的款式图上用到。单边拉链其实就是双边拉链的一部分，本节主要以双边拉链为例进行案例讲解。

（一）观察拉链结构

如图4-94所示，拉链是由几种几何元素构成的一个综合图形。在绘制时，可以先绘制每一个几何元素，最后把它们进行组合，完成拉链绘制。

拉链款式图如图4-95所示。

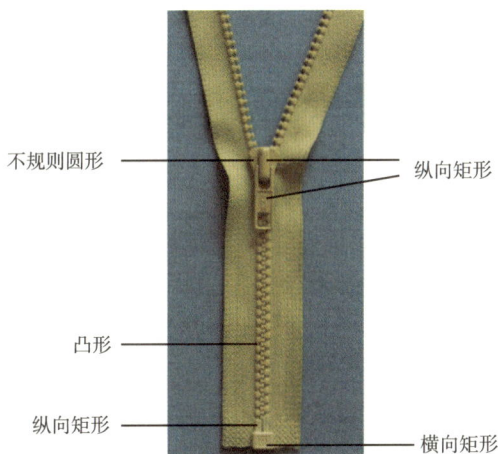

不规则圆形

纵向矩形

凸形

纵向矩形

横向矩形

图4-94 拉链

图4-95 拉链款式图

（二）绘制几何单元—拉链齿

在工具栏中选择"矩形工具"，如图4-96所示。双击工具栏最下方的"填色"选项，在弹出的"拾色器"里选择任意灰度的灰色，单击"确定"。在画布上画一个横向矩形，再画一个纵向矩形，如图4-97所示。两个矩形的大小高低没有硬性的规定，可模仿真实的拉链大小和比例进行绘制。

接着用鼠标长按"矩形工具"右下角的小三角，打开隐藏工具栏，选择"椭圆工具"，在矩形的上方做一个椭圆形或者正圆形，如图4-98所示。

用"选择工具"选中所有图形，在上方属性面板中选择"水平居中对齐"，如图4-99所示；也可以通过菜单栏的"窗口选项"选择"对齐"，在弹出的对话框中选择"水平居中对齐"，如图4-100所示。这时可以得到一个居中对齐的图案组，如图4-101所示。

图4-96 矩形工具

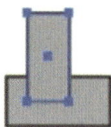

图4-97 绘制矩形

图4-98 绘制椭圆形或正圆形

图4-99 属性面板水平居中对齐

图4-100 对话框中水平居中对齐

图4-101 居中对齐图案组

接下来在"窗口"选项里选择"路径查找器",在打开的对话框里单击第一个图标"联集",如图4-102所示。"联集"可以使三个图形融合为一个图形,如图4-103所示,这个图形就是整条拉链齿中的一个小单元。

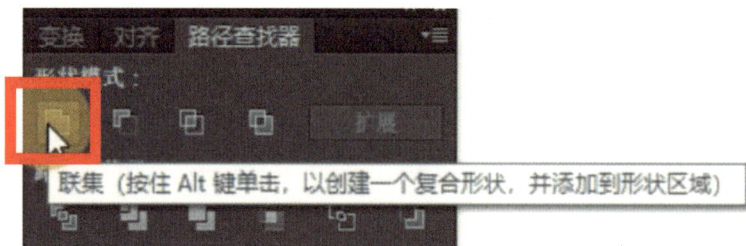

图4-102 联集工具

图4-103 融合后一个小单元

（三）绘制整条拉链

1.单边拉链

把拉链齿进行复制,按住快捷键Alt,同时鼠标按住这个图形向右移动,在水平方向就可以得到一个一模一样的拉链齿。两个图形之间可以选择连接上也可以留一个小缝隙,确定好位置后,松开鼠标和快捷键,如图4-104所示。接下来,选中刚才的两个小单元,在右侧面板里面选择"画笔"选项,或者在"窗口"里面勾选"画笔"选项。单击对话框右下角的"新建画笔",如图4-105所示,在出现的对话框里选择"图案画笔",如图4-106所示。在出现的对话框继续单击"确定",就能在画笔面板中看到刚才画的拉链单元组,如

图4-107所示。最后选择"直线段工具"，在画板空白处作一条直线，换成"选择工具"并选中这条直线，把"填色"选项改成"无"，单击刚才我们新建的画笔，就能得到一串单边的拉链齿，如图4-108所示。

图4-104 两个小单元

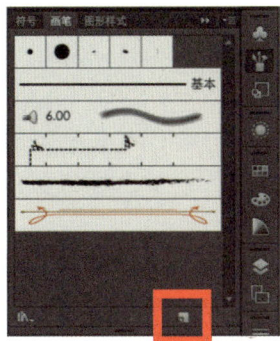

图4-105 画笔工具

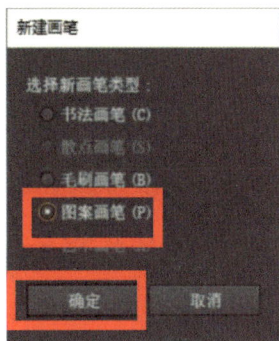

图4-106 选择画笔

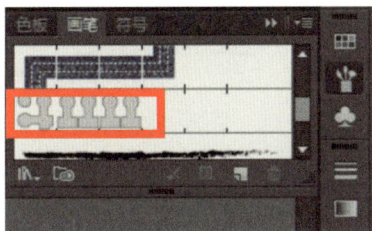

图4-107 形成画笔

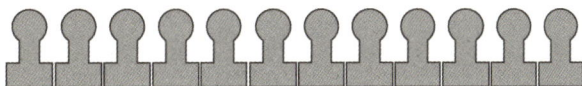

图4-108 完成图

2.双边拉链

先用"选择工具"选中单个拉链齿元素，单击鼠标右键，在"变换"里选择"对称"，如图4-109所示。在弹出的对话框中，在"水平"前面打对勾并单击"复制"，如图4-110所示。将复制得到的倒立的拉链齿和原始的拉链齿调整成相互咬合的状态，如图4-111所示。接下来选中这个单元组并按住Alt键，同时长按住鼠标向右复制一份，调整好每个元素之间的距离，如图4-112所示。换回"矩形工具"，找到第一个元素的中心。如何找到中心呢？当鼠标位于中心时，能看到鼠标下方出现一条竖线，如图4-113所示。在中心处单击画一个矩形，矩形的另一边要和第三个小单元图形的中心重合，如图4-114所示。接下来单击鼠标右键，找到"排列"，选择"置于底层"，并且把这个矩形"描边"和"填色"都设置为"无"。使用"选择工具"选中所有的图形，在右侧面板中找到"画笔"选项，单击右下角"新建画笔"，在出现的对话框里选择"图案画笔"。再次出现的对话框继续单击"确定"，就能在画笔面板中看到刚才画的拉链单元组，如图4-115所示。最后选择"直线段工具"作一条直线，换回"选择工具"，选中这条直线，把"填色"选项改成"无"，单击刚才新建的画笔，就可以得到一条不断重复的双边拉链齿，如图4-116所示。

图4-109 选择"对称"

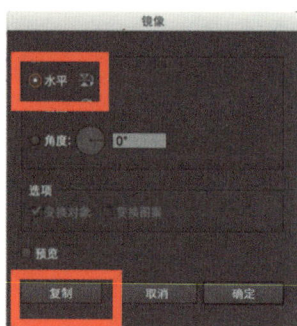

图4-110 水平复制

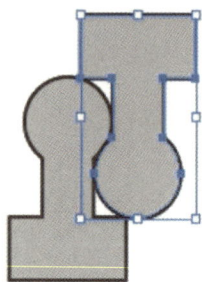

图4-111 调整为相互咬合状态

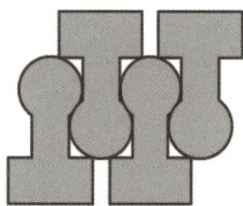

图4-112 复制

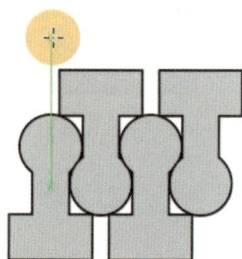

图4-113 找到中心

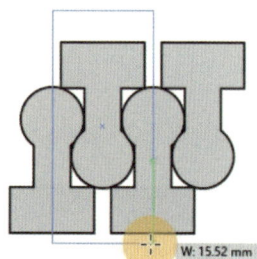

图4-114 绘制矩形

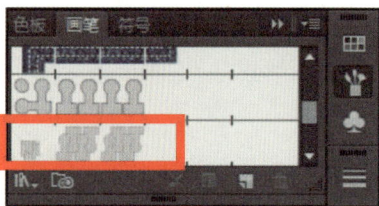

图4-115 拉链单元组

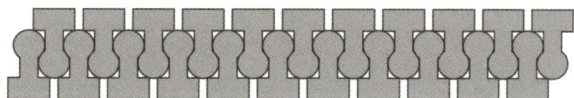

图4-116 完成图

（四）绘制拉链箱棒、箱子、插棒

首先建立标尺，单击"选择工具"，把刚刚画好的图4-115中的拉链齿组合旋转成竖立垂直的状态，向拉链齿组合的中心作一条参考线，使之左右对称。换成"矩形工具"，如图4-117所示，依次画三个矩形，分别是拉链的箱棒、箱子、插棒。最后用"选择工具"选中三个矩形，在工具栏中单击"填色"，再单击下面的白色小方框，给矩形填充上颜色。最后把它们调整到合适的位置，如图4-118所示。

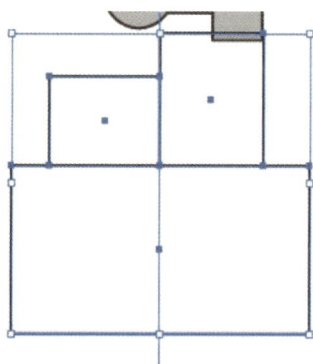

图4-117 建立标尺

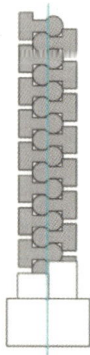

图4-118 完成图

（五）绘制拉链头

　　首先建立参考线，选择"钢笔工具"，如图4-119所示，先画出这个图形一半的形状，然后对这个线条进行"复制""贴在前面""镜像旋转"，得到完整图形，如图4-120所示。换成"直接选择工具"，单击鼠标右键，选择"连接"，把上下两个连接点进行连接，即可得到一个不规则的闭合的图形。同理，继续使用"钢笔工具"画出第二个、第三个不规则图形，如图4-121、图4-122所示。最后用"选择工具"选中如图4-122所示的两个图形，单击鼠标右键，选择"编组"。

图4-119　绘制一半形状　　图4-120　完整图形　　图4-121　第二个不规则图形　　图4-122　第三个不规则图形

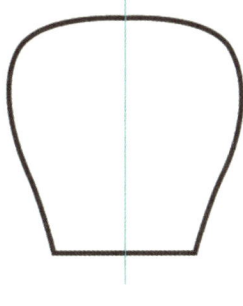

（六）组合拉链头

　　使用"选择工具"选中所有的拉链头元素（图4-120～图4-122），把它们大概相互叠在一起，如图4-123所示。在属性面板里面找到"对齐"，选择"水平居中对齐"。在左侧工具栏里面单击"填色"调整为"白色"，如图4-124所示。下一步就是调整图形的上下层，在最上层的是长竖条形状的图形（图4-120），用"选择工具"单独选中这个图形，单击鼠标右键，在菜单里面打开"排列"选项，选择"置于顶层"。用同样的办法，调整好三组图形的顺序，同时调整每一个图形的大小和相互之间的关系，如图4-125所示。最后用"选择工具"选中图4-125中的所有图形，单击鼠标右键，选择"编组"。

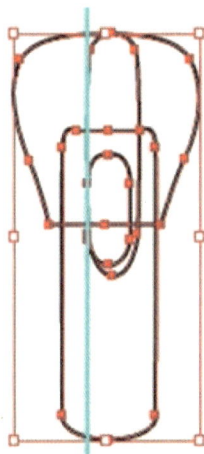

图4-123　叠加

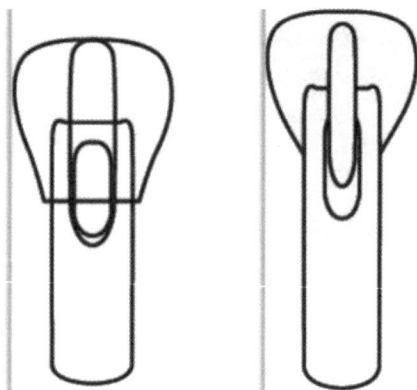

图4-124 对齐、填色   图4-125 调整图形顺序

（七）组合拉链

如图4-126所示，对拉链各部分进行组合。

四、腰带绘制技法

腰带种类众多，常见的腰带款式一般可以分为两类，一类是带襻的腰带，另一类是系扣腰带。两种腰带的穿戴方式不同、形态不同，绘制的难点和技法也是不一样的，本小节的学习内容为两种腰带的具体绘制方法。

（一）带襻腰带

带襻腰带款式如图4-127所示。

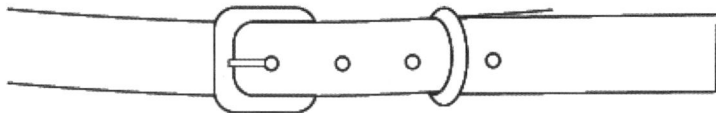

图4-126 完成图   图4-127 带襻腰带款式

1. 绘制搭扣

首先建立参考线，在工具栏"矩形工具"的隐藏菜单中选择"圆角矩形工具"，如图4-128所示。确认"描边"是黑色，"填色"为"无"。按住Shift键，在工作区画一个等边的圆角矩形，然后在它右侧画一个圆角矩形。接下来换成"选择工具"，选中第二个矩形，单击右键找到"排列"，选择"置于顶层"，确保第二个矩形在第一个矩形的上面，如图4-129所示。

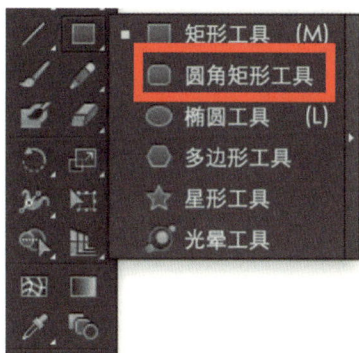

图4-128 圆角矩形工具

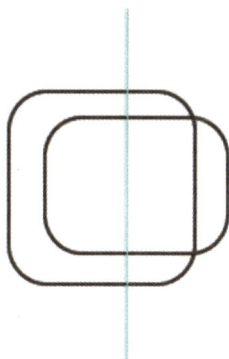

图4-129 绘制矩形

然后重新选中两个图形，在菜单栏"窗口"的下拉菜单中选择"路径查找器"，在弹出的对话框里面选择第二个小图标"减去顶层"，如图4-130所示，两个图形重合的部分即刻被删除，形成一个复合形状，如图4-131所示。最后用"选择工具"选中新的图形，单击"填色"，再单击下方的白色小方形，给图案填充上白色。

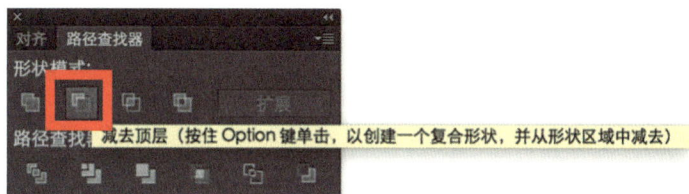

图4-130 减去顶层

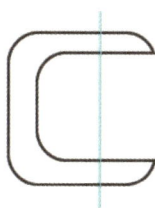

图4-131 形成复合形状

2.绘制腰带

使用"钢笔工具"从任意一个位置向参考线做一条弧线，参考线上的锚点的手柄需要垂直于参考线，如图4-132所示。换成"选择工具"选中这根线，依次进行"复制""贴在前面""镜像旋转"，并且把落在参考线上的两个点进行"连接"。选中这条长线，依次进行"复制""贴在前面"，便会得到第二条弧线。

图4-132 绘制弧线

依次选中两条弧线移动到合适的位置，腰带上面的轮廓线是需要和搭扣内侧上面这条线重合的，同理，腰带下面的轮廓线也是需要和内侧下面这条线重合的，如图4-133所示。接下来用"选择工具"选中搭扣，单击"填色"选项，把填充色改成"白色"。最后在搭扣上单击右键，找到"排列"，选择"置于顶层"，搭扣就可以把和腰带重叠的部分进行遮盖，如图4-134所示。

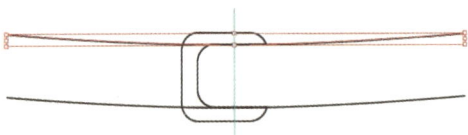

图4-133　弧线与腰带轮廓线重合

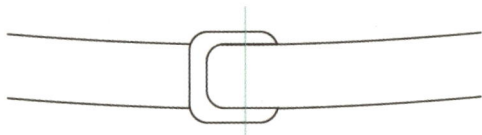

图4-134　遮盖重叠部分

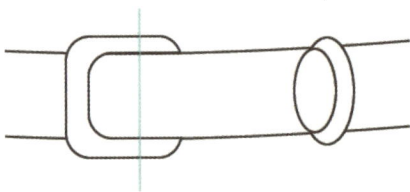

图4-135　绘制椭圆形

3.在腰带上绘制腰带襻

使用"椭圆工具"，在腰带中间的右侧画一个纵向细长的椭圆形，然后在这个椭圆形左侧再画另一个椭圆，第二个椭圆的上下最远端需要贴住腰带的上下两条线，如图4-135所示。

使用"选择工具"选中两个椭圆，首先确认"填色"为"无"并设置成"置于顶层"，接着在菜单栏里的"窗口"中选择"路径查找器"，在对话框里选择"减去底层"，便形成一个复合图形，如图4-136所示。接着把"填色"调整成白色，单击右键，找到"排列"，选择"置于顶层"，按此操作后，腰带襻就可以盖住腰带部分。此时，复合图形的上下会出现尖头，要想使尖角变为平滑，需要在右侧面板中单击"描边"，在对话框中找到"边角选项"，单击这一排中间位置的图标"圆角连接"，如图4-137所示，即可得到顺滑的角，如图4-138所示。

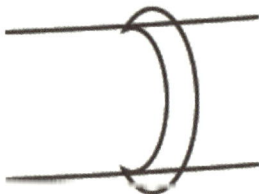

图4-136　形成复合图形

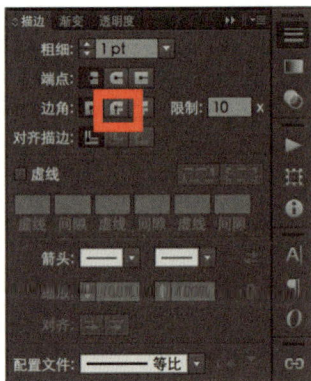

图4-137　圆角连接

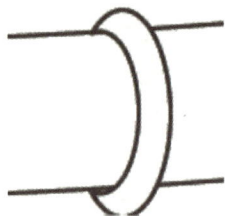

图4-138　获得图形

4.继续绘制腰带

首先用"直接选择工具"选中腰带襻内侧一圈的线条，如图4-139所示，然后使用快捷键"复制""贴在前面"。换成"直线段工具"，找到刚才粘贴在上面的线条，单击上面的点，即为第一个点，向右作直线，即为第二个点，接着向下作直线，即为第三个点，再向左作直线，线条的终点落到腰带襻下面的点上，即为第四个点，如图4-140所示。

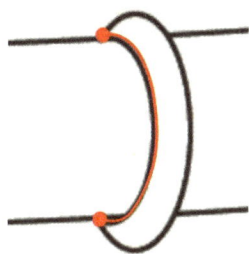

图4-139 选中线条

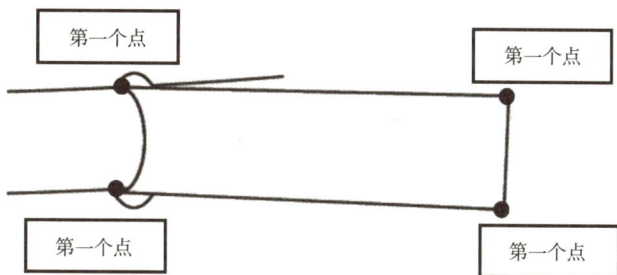

图4-140 绘制四个点

最后用"选择工具"选中图4-140中的长方形，单击"填色"选项，把填充色改成"白色"。单击鼠标右键，在下拉菜单中找到"排列"，选择"后移一层"。

5.绘制洞眼和插襻

（1）洞眼。用"椭圆工具"在腰带中间位置依次画出正圆形。注意，每一个洞眼的距离要均匀，如图4-141所示。

（2）插襻。是一个条状的长方形，可以用"矩形工具"进行绘制，也可以用"圆角矩形工具"进行绘制，如图4-142所示。

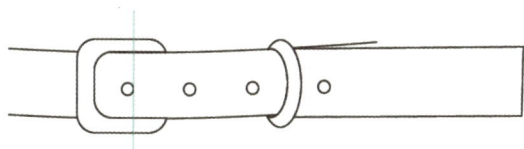

图4-141 洞眼

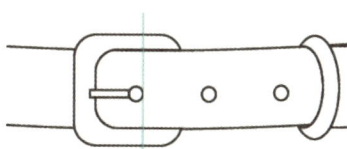

图4-142 插襻

检查洞眼和插襻是否位于最上方，"填色"是否为白色。若不是，使用"选择工具"选中所有洞眼和插襻，单击右键，在"排列"里面选择"置于顶层"；单击"填色"，再单击下方白色小方块，设置填充色为白色。最后，在右侧面板的"描边"选项中，改变线条的"粗细"为"0.5"。

最终呈现效果如图4-143所示。

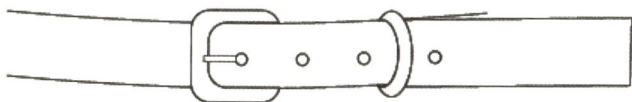

图4-143 完成图

（二）系扣腰带

系扣腰带最难绘制的部分是描绘系起来以后的形态。在最开始学习时，还是需要通过临摹照片的结构来了解布条之间相互的关系。在熟悉结构后，就可以脱离模板进行绘制。

系扣腰带款式如图4-144所示。

1.绘制前准备工作

首先，导入一张系扣腰带的图，然后在右侧的"透明度"面板中把图片的透明度调为60%~70%，如图4-145所示。新建一个图层，并锁定这张图片所在的图层。

图4-144　系扣腰带款式　　　　图4-145　调整透明度

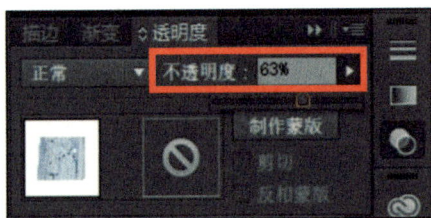

2.绘制扣结部分

使用"钢笔工具"按照图片上的实际形状进行临摹，一些比较细微的曲线可以在画好大概轮廓以后，用"铅笔工具"进行精修。另外，当绘制布片和布片之间的包裹关系时，要在包裹其他面料的那片布的犄角部分画出一个小弧度，如图4-146所示。所有的形状必须为闭合图形，所以不同图形之间所重合的线条也需要重新画一遍，如图4-147所示。

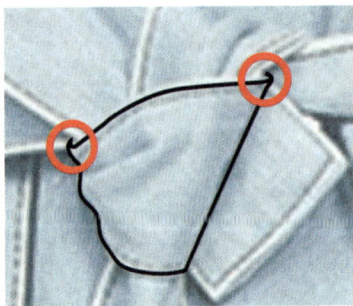

图4-146　小弧度示意图　　　　图4-147　闭合图形示意图

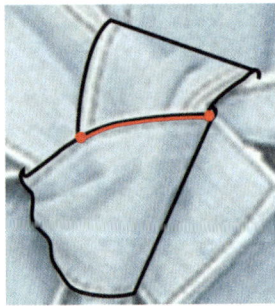

以此类推，把扣结的部分依次进行临摹，如图4-148所示。

用"选择工具"选中所有图形，在工具栏的"填色"选项里，把填充色改成白色。然后调整图形的前后顺序，例如，下方长条要放在最底层，中间的扣节要放置于顶层，如图4-149所示。

　　最后绘制腰两侧的部分。因为中间会被扣节盖住，所以绘制时左右两侧的布条可以直接绘制成一个闭合的完整图形，如图4-150所示。用"选择工具"选中长条图形，在工具栏的"填色"选项里，把填充色改成白色。接着单击右键，在"排列"里面选择"置于底层"，如图4-151所示。

图4-148　完成临摹

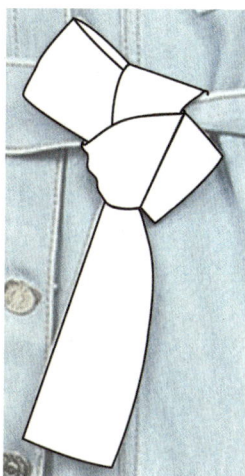

图4-149　填色、调整图形
　　　　　顺序

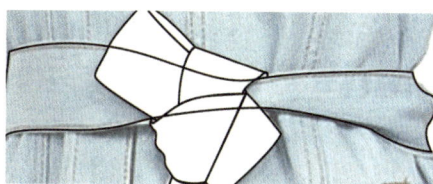

图4-150　绘制左、右两侧布条

图4-151　填色、调整图形顺序

3.精细化绘制

　　（1）增加缝纫线迹。如图4-152所示，把需要增加缝纫线迹的线条依次进行"复制""贴在前面"，用"选择工具"或者键盘的上下左右键来为新线条调整位置。接着在右侧"面板"中找到"描边工具"，在弹出的对话框中勾选"虚线"，把下方参数调整到"1pt"虚线、"2pt"间隙；把"粗细"调整为"0.5pt"，如图4-153所示。

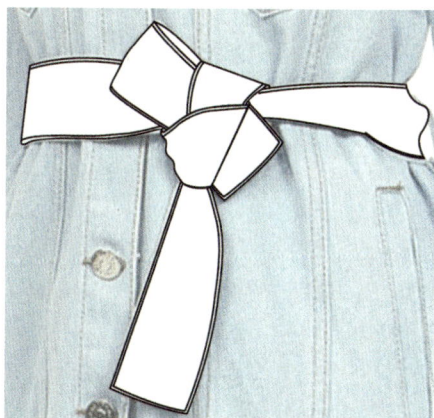

图4-152　增加缝纫线迹

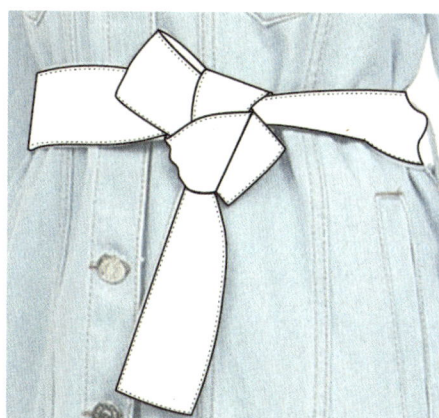

图4-153　调整参数

（2）增加褶皱的效果。选择"铅笔工具"，按照背景图片中的褶皱位置给腰带增加褶皱，如图4-154所示。接下来用"选择工具"选中所有褶皱，通过右侧面板中的"描边"，来改变褶皱线的粗细、形状和透明度，使款式图更加真实，如图4-155所示。

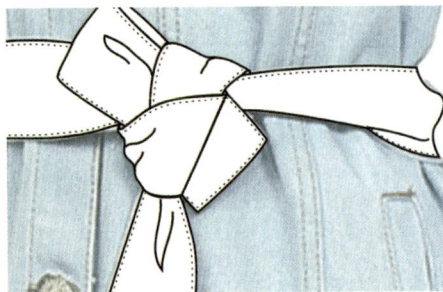

图4-154　调整前　　　　　　　　　　图4-155　调整后

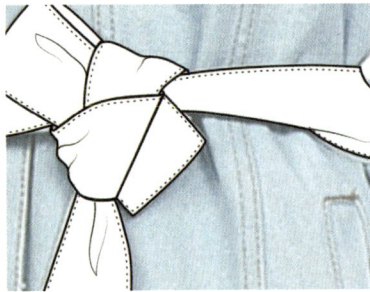

（3）增加立体感。通过给腰带的一些部分画出阴影，来增加扣结、翻折部分的立体感。用"钢笔工具"对需要添加阴影的位置的面积图形进行勾勒，阴影部分需要是个独立的闭合图形。画好后，在"填色"选项中把颜色调整为"黑白"的渐变色；在右侧面板中把"透明度"调整为40%~50%，阴影最后效果如图4-156所示。

图4-156　阴影

最终呈现效果如图4-157所示。

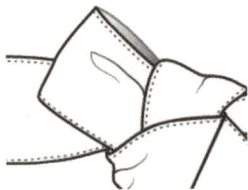

五、更多局部绘制案例

更多局部绘制案例如图4-158~图4-166所示。

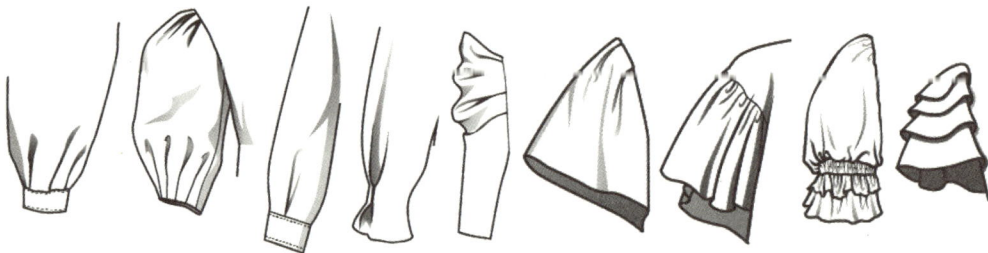

图4-157　完成图

图4-158　春夏袖子

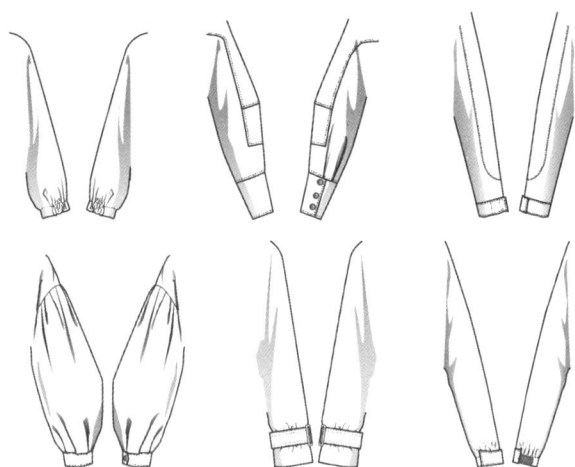

图 4-159 秋冬袖子

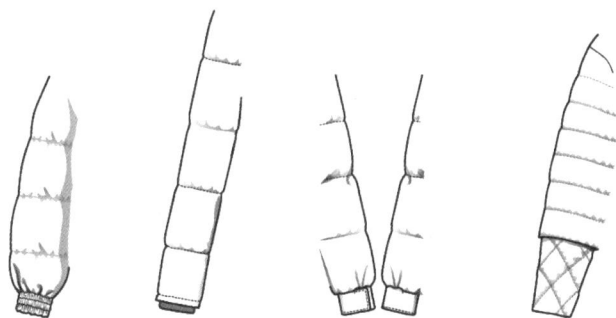

图 4-160 羽绒服袖子

图 4-161 领子单面

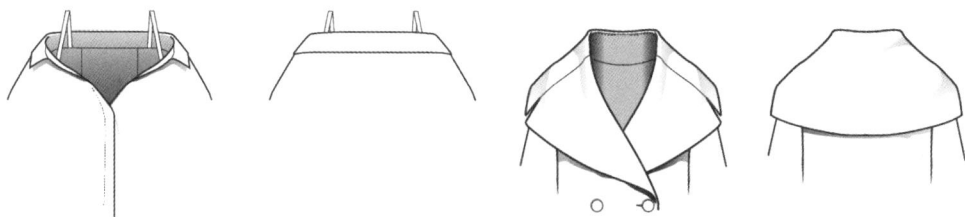

图 4-162 领子正反面

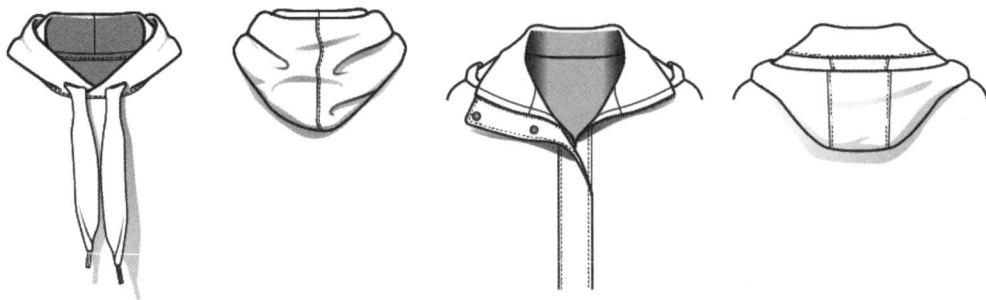

图 4-163　连帽领

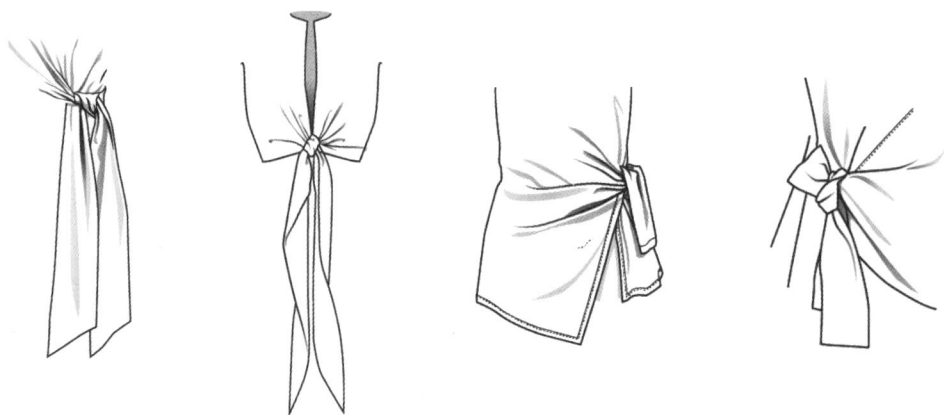

图 4-164　下摆装饰

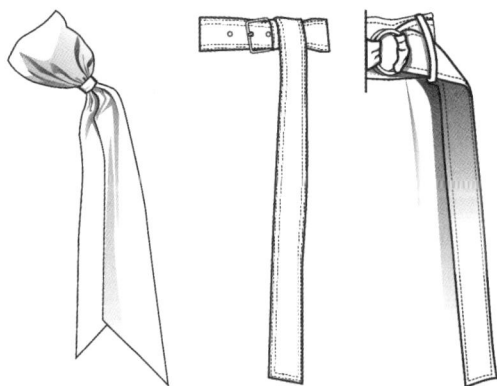

图 4-165　带襻

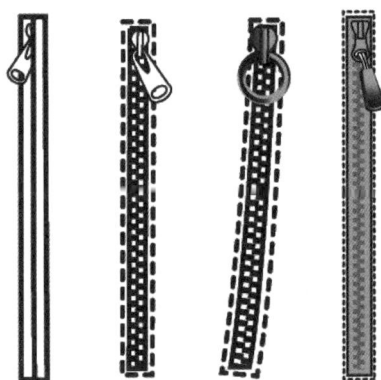

图 4-166　拉链

第四节　女装款式图案例

完整的服装款式由衣身、袖子、领子、门襟、口袋等组成，每一部分的比例尤为重要。在确定好款式图轮廓之后，可根据设计意图进行比例相适应的局部配置。局部是服装款式的细节所在，比例应注意"从整体到局部"，调整好服装的整体与局部的比例及局部与局部的比例。本节主要学习的款式包括：女士上衣、女士裙装、女士西装与西裤，以及如何给款式图上色和图案填充。

一、泡泡袖上衣

泡泡袖上衣款式如图4-167所示。

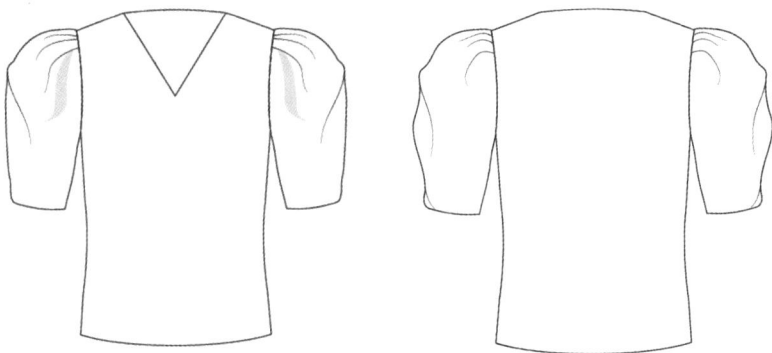

图4-167　泡泡袖上衣款式

（一）绘制前准备工作

在开始绘制之前，检查准备工作是否已经做好：建好画布；置入一张人台或模版图片作为款式图的参照模型；建立好标尺和参考线；锁定该图层，增加新图层2，并留在新图层上面。

（二）绘制正面轮廓线

1.绘制上衣左半边轮廓

选中"钢笔工具"，在肩部靠颈部的位置落下第一个点，接着向右斜下作直线，即为第二个点。然后回到第一个点，沿着肩线作直线，落点即为第三个点，如图4-168所示。这里注意，因为服装有厚度，款式图的线条不可能和人身体线条重合，因此画的线不要压在人台轮廓线上，要稍微离开一些距离。

如图4-169所示，从第三个点开始作弧线，第四个点落在腋下。泡泡袖上袖的位置一般会高于普通的肩线，所以在画肩线的时候需要比普通的肩线短。接下来画左侧缝线，左侧线需要表现出稍微收腰的状态，所以从第四个点向第五个点作向内的弧线，从第五个点到第六个点继续作弧线，如图4-170所示。最后画出底边线，如图4-171所示。

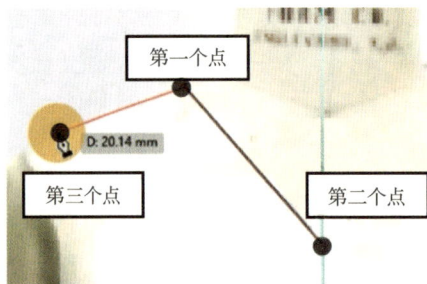

图4-168　绘制前三个点

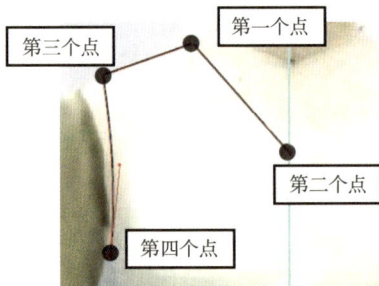

图4-169　绘制第四个点

2.绘制左半边泡泡袖

泡泡袖包含三种褶皱方式，一种是肩膀位置由缝纫机轧出来的不规则的褶，另一种是袖子收口位置松紧带形成的褶皱，还有一种是袖子底边处的花边。

首先，画出袖子的轮廓线。复制一条新的袖窿线，从第三个点向大臂位置做出泡泡袖的廓型，即为第七个点和第八个点，如图4-172所示。然后绘制收口形状的袖口，即为第九个点。接着向右画袖口线，再向上连接到第四个点，袖子轮廓就形成一个闭合的图形，如图4-173所示。最后用"选择工具"选中袖子轮廓，在工具栏的"填色"选项里，把填充色改成白色。

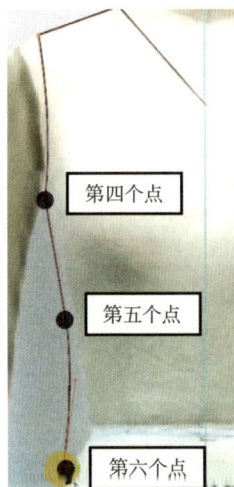

图4-170　绘制第五、六个点

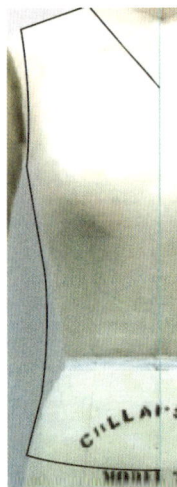

图4-171　绘制底边线

袖子褶皱效果的常见绘制方式有两种。第一种是直接用"铅笔工具"进行绘制。在此款式图中，肩部的细小褶皱可以用这种方式进行绘制。如图4-174所示，使用"铅笔工具"画出褶皱的形状。然后选中褶皱线条，在右边面板中找到"描边"，通过对话框中的"配置文件"选项来调整线条的形状，如图4-175所示。

第二种褶皱效果是通过建立大面积阴影的方式给款式图增加立体感。在此款式图中，描绘布料堆积后形成的明显褶皱可以用这种方式进行绘制。选择"钢笔工具"画出需要打阴影的部分，接着把其"填色"改为"黑白渐变色"，然后在右侧"描边"对话框里的"透明度"选项中，把百分比调整为60%，此时阴影颜色更加协调，如图4-176所示。

增加褶皱、调整袖子轮廓，如图4-177所示。

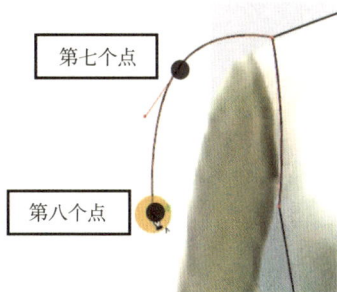

图4-172 绘制第七、八个点

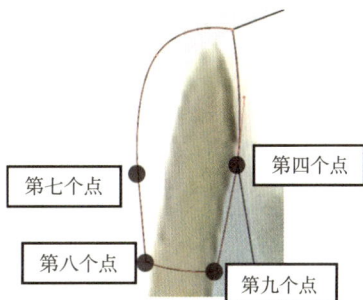

图4-173 绘制第九个点

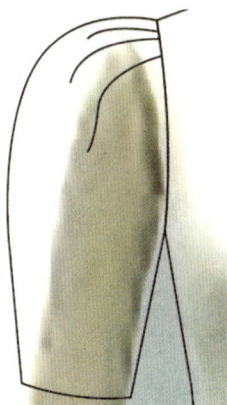

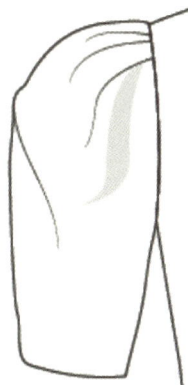

图4-174 绘制褶皱　　图4-175 调整线条形状　　图4-176 阴影　　图4-177 整体调整

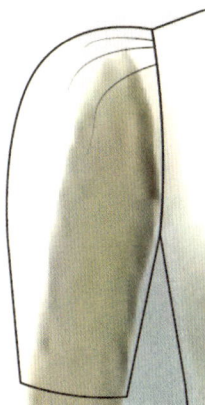

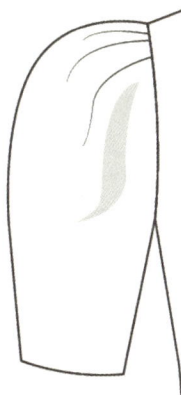

3.补充完整正面款式图

用"选择工具"选中所有的线条，依次进行"复制""贴在前面"，用"镜像工具"翻转，即可得到一模一样的右半侧上衣。在分别连接左右侧领子和底边线后，把整个V字领进行"复制"，选择"贴在前面"，然后用上移键把新的V字线条顺着参考线向上移动。选择"钢笔工具"，画出后脖领的形状，复制、粘贴这条线，镜像翻转，得到完整的后脖领。

最终呈现效果如图4-178所示。

4.绘制背面款式图

用"选择工具"选中正面款式图的全部线条，依次进行"复制"→"贴在前面"→"镜像工具"进行翻转，即可得到另一个正面款式图，背面款式图可在正面款式图的基础上进行改动。首先是领子部分，使用"直接选择工具"选中V字部分进行删除。接着对袖子轮廓、褶皱部分进行微调，一般正反面的轮廓、褶皱细节是不同的形状，可以用"铅笔工具"对外轮廓进行调整，然后删除掉原有的褶皱线条，绘制新的线条。如图4-179所示，泡泡袖上衣正面、背面款式图绘制完成。

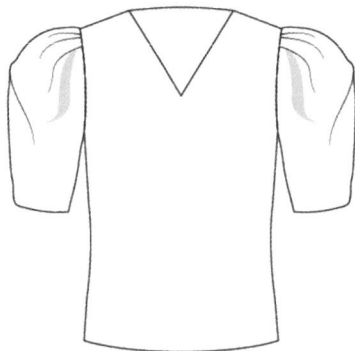

图4-178　正面完成图　　　　　　图4-179　完成图

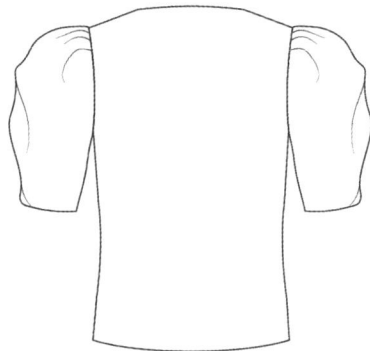

二、半身裙

半身裙款式如图4-180所示。

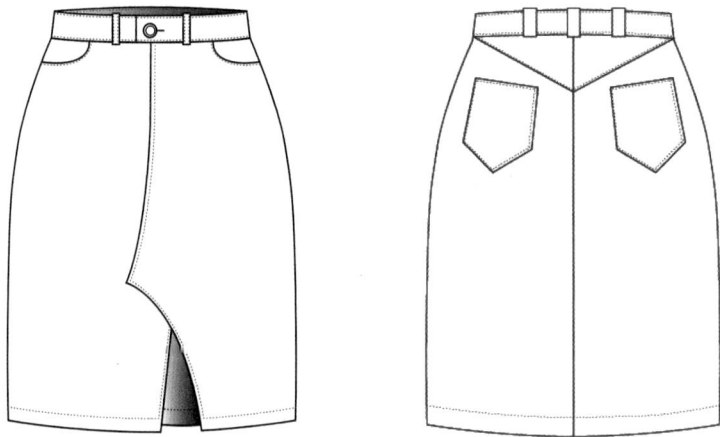

图4-180　半身裙款式

（一）绘制左半边裙腰轮廓线

在建立好画布后，选择"钢笔工具"，从人台的腰围线靠上的位置向中间的参考线作一条弧线，同时按住Shift键来调节弧线的弧度，保证落在参考线上的锚点的手柄垂直于参考线，如图4-181所示。然后，对这条线依次"复制"→"贴在前面"，用键盘上的"向下"键来移动新线条到腰围线下面。回到第一条线上，使用"钢笔工具"单击左侧的点，向下连接第二条线左侧的点，如图4-182所示。

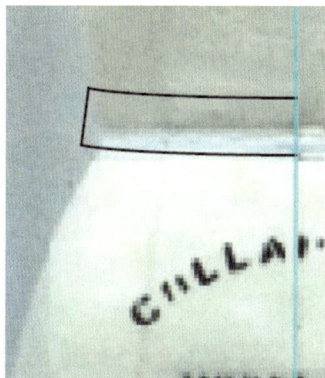

图4-181　弧线示意　　　　　　　图4-182　绘制左半边裙腰轮廓线

（二）绘制左半边裙身轮廓线

使用"直接选择工具"选择腰带下边的线条，依次进行"复制"→"贴在前面"的操作。换用"钢笔工具"选中新线条左端的点，向下沿着胯部作弧线，过臀围线后向下作直线，直线的锚点停在人台的大腿三分之二的地方，最后向右作底边线，锚点落在参考线上，如图4-183所示。

接下来"复制"腰带上侧线条，选择"贴在前面"，然后用键盘上的"向上"键，把它向上移动一段距离。换成"钢笔工具"，在线条左边锚点单击一下，向参考线作另一条弧线，如图4-184所示。

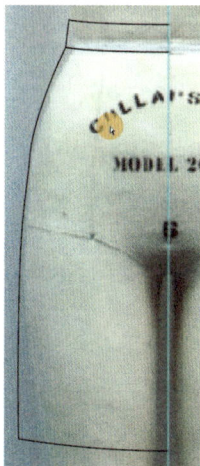

图4-183　作底边线　　　　　　　图4-184　作腰头弧线

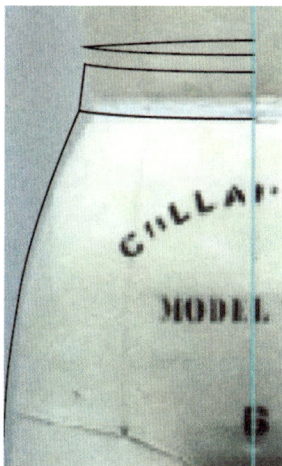

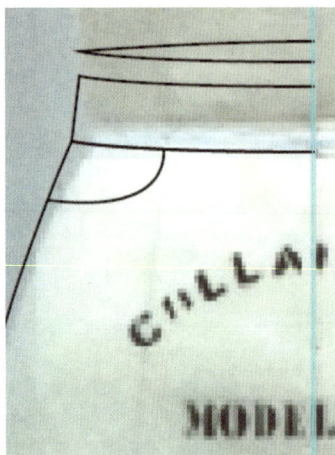

图4-185 绘制左半边口袋

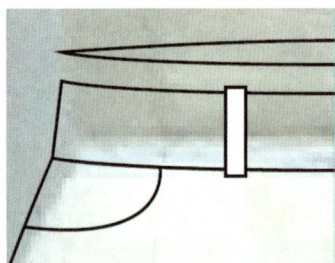

图4-186 绘制腰带襻

（三）绘制左半边口袋与腰带襻

使用"钢笔工具"在左半边腰带中间位置落下一个锚点，向左侧的侧缝线上作弧线，如图4-185所示。

选择"矩形工具"，在口袋线条的右侧作一个长方形，长方形需要比腰带宽更长一点，并且垂直于腰带的两根线条。然后选中这个长方形，把左侧工具栏的"填色"调整成"白色"，并且确认长方形"置于顶层"，如图4-186所示。

（四）补齐半身裙的右半边

依次对左半边图形进行"复制"→"贴在前面"→"镜像"翻转，即可得到右半边的款式图，如图4-187所示。

（五）完成腰带立体效果的绘制

使用"直接选择工具"，分别选中最上方椭圆形中间的连接点，单击右键选择"连接"，然后用"选择工具"在左侧工具栏的"填色"选项中选择"灰色"或者"黑白渐变"。最后，使用键盘上的向下键，把图形移动到和裙子腰带上侧线条重合的位置，如图4-188所示。

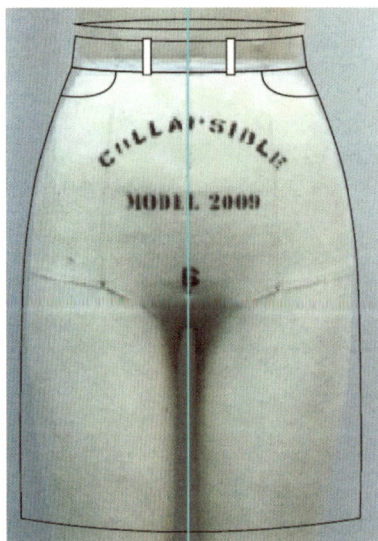

图4-187 补齐半身裙的右半边

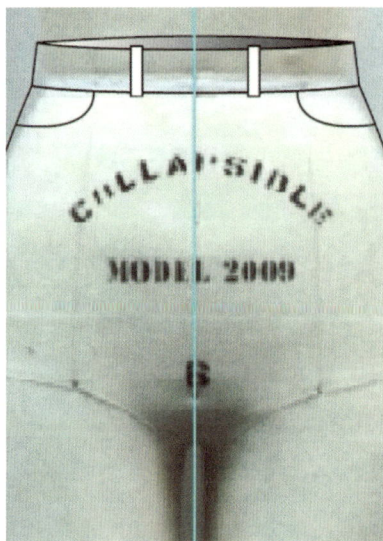

图4-188 完成腰带立体效果绘制

（六）绘制纽扣与扣眼

使用"直线段工具"在参考线和左侧腰带襻中间作一条竖线，然后把工具换成"椭圆工具"来绘制纽扣，按住Shift键，在腰带中间位置作正圆，再在这个圆形里面作一个稍小的正圆，并把小圆的粗细调整为"0.5pt"。最后换回"直线段工具"，在大圆的右侧作一条较短的直线作为扣眼，如图4-189所示。

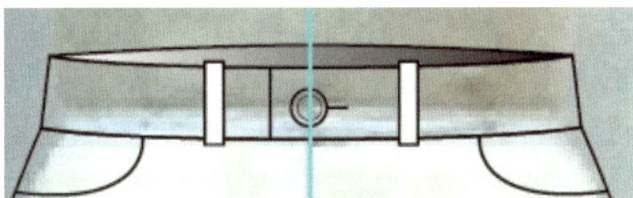

图4-189　绘制纽扣与扣眼

（七）绘制半裙前片设计

在工具栏中找到"橡皮擦工具"，长按右下角小三角形，在隐藏菜单里面选择"剪刀工具"，如图4-190所示。接着在底边线中点的右侧，单击一下，向右一段距离再单击一下。改用"直接选择工具"选中两个点中间的线，敲击两次键盘上的删除键，删除这条线，如图4-191所示。然后用"直线段工具"从左侧缺口向斜上作直线，如图4-192所示。最后从腰带线的中间向下作直线，锚点落在大约腰围线和臀围线的中间位置。接着向左斜下方作弧线，再向右斜下方作弧线，连接到另一个缺口处，如图4-193所示。

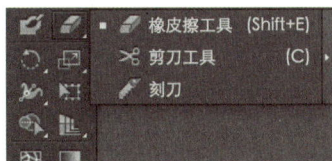

图4-190　剪刀工具

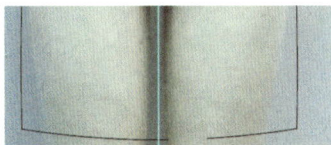

图4-191　删除

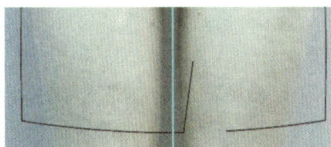

图4-192　绘制直线

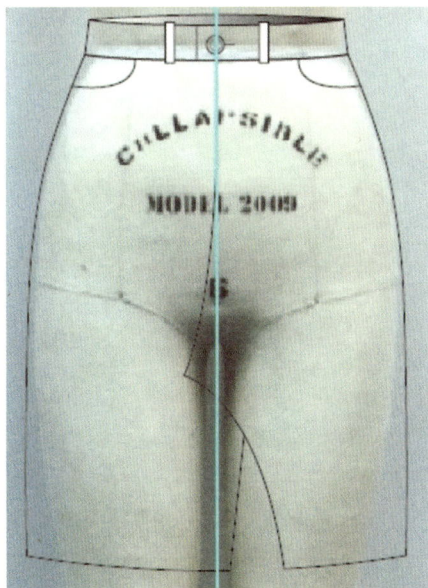

图4-193　绘制半裙前片设计

（八）增加缝纫线迹

绘制此款半裙时需要在腰带、腰带襻、口袋边缘、前片设计、底边线增加缝纫线迹。因此，对原有线条依次进行"复制"→"贴在前面"，上下左右移动到合适的位置。选中全部新复制的线条变为虚线，并调整线条粗细为"0.5pt"。

（九）完成半裙裙摆处立体效果的绘制

在右侧面板"图层"中建立图层3，锁定裙子前片款式图所在的图层，然后用"钢笔工具"对开衩的线条进行临摹，并连接两条线作弧线，如图4-194所示。接下来用"选择工具"选中这个图形依次进行"复制"→隐藏图形所在图层→解锁，并回到前片款式图所在图层→"粘贴"在合适的位置，如图4-195所示。最后在左侧工具栏"填色"选项中把图形颜色调整成"灰色"或者"黑白渐变色"并加上缝纫线迹，如图4-196所示。正面款式图绘制完成，如图4-197所示。

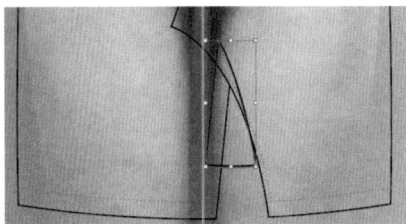

图4-194　线条临摹

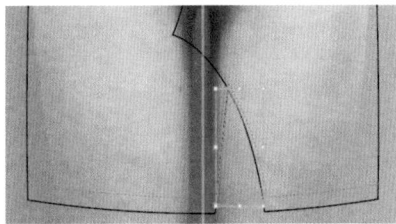

图4-195　合并图层

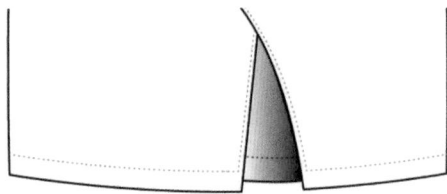

图4-196　填色、加缝纫线迹

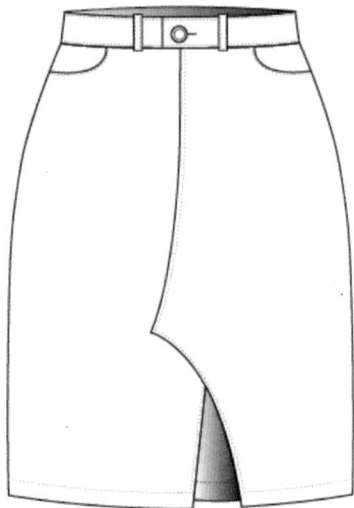

图4-197　正面完成图

（十）绘制背面款式图

使用"选择工具"选中正面款式图的所有线条，在右侧面板"图层"中建立图层4，锁定裙子前片款式图所在的图层并隐藏。在图层4中"粘贴"正面款式图、使用"镜像工具"进行镜像旋转，并将旋转后的款式图中线对准参考线进行放置，如图4-198所示。

接下来删除背面不需要的部分：纽扣、腰带襻、前片的设计、口袋、裙腰头和所有的缝纫线迹，如图4-199所示。

使用"直线段工具"在参考线上画出中缝线。换用"直接选择工具"选中腰上的线条，依次进行"复制"→"贴在前面"→向下移动到合适的位置，并拖动弧线两端的锚点衔接到裙子侧缝线上，如图4-200所示。接下来用"钢笔工具"对下摆豁口处进行填补，如图4-201所示。

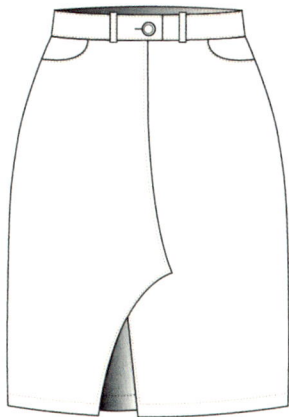

图4-198　镜面反转

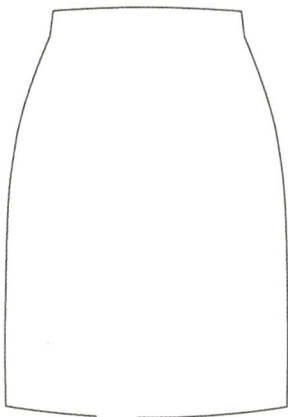

图4-199　绘制裙背面轮廓

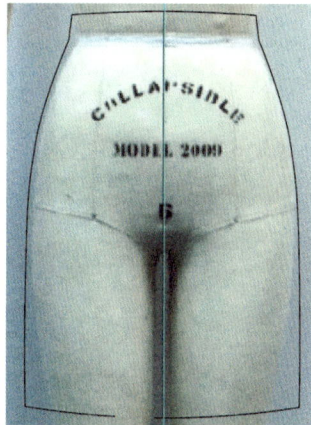

图4-200　绘制中缝线

接下来绘制后片的设计。使用"直线段工具"下裙腰线向右斜下方作一条直线，接着在左侧臀部的位置绘制五边形口袋，如图4-202所示。然后在腰带中间绘制一个腰带襻，再在左边一点再绘制一个腰带襻，并把它们的"填色"设置成"白色"并"置于顶层"，如图4-203所示。用"选择工具"选中左侧腰带襻、斜线和口袋，依次进行"复制"→"贴在前面"→"镜像"旋转，便可以得到半裙的右半侧，如图4-204所示。

最后，需要给半裙的背面款式图添加缝纫线迹。添加虚线的位置包括：腰带、V字型的设计、口袋和底边线，背面款式图绘制完成，如图4-205所示。

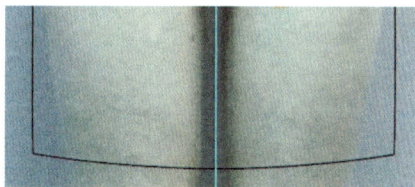

图4-201　填补下摆豁口处

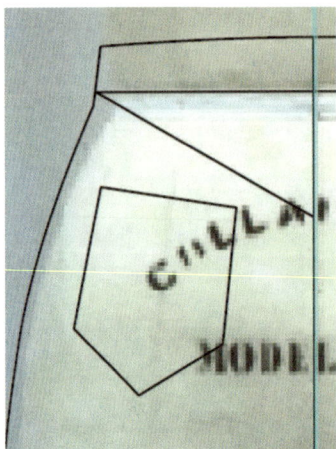

图4-202 绘制口袋

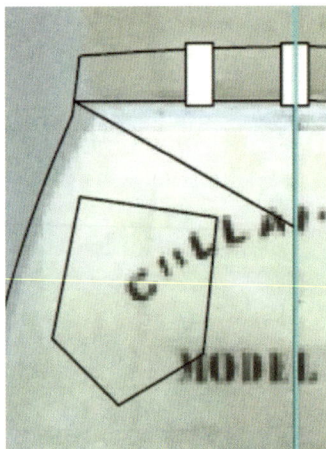

图4-203 绘制腰带襻

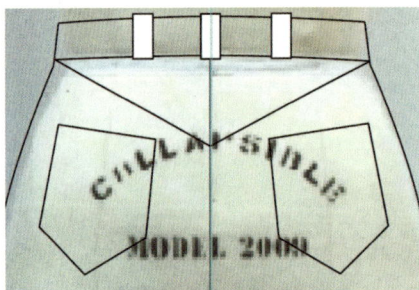

图4-204 镜面反转

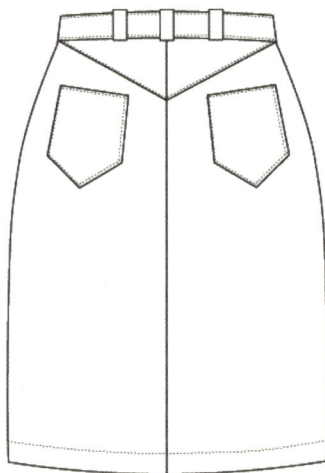

图4-205 背面完成图

三、连衣裙

连衣裙款式如图4-206所示。

（一）绘制连衣裙的肩部

建立好画布后，使用"钢笔工具"在右三分之一处落下第一个锚点，然后向左边的腋下作弧线，落点即为第二个锚点，如图4-207所示。接下来用"矩形工具"在左肩位置作纵向的矩形，矩形的一边在肩线上，另一边要和斜线重合，并把"填色"设置为"白色"，如图4-208所示。

图4-206　连衣裙款式

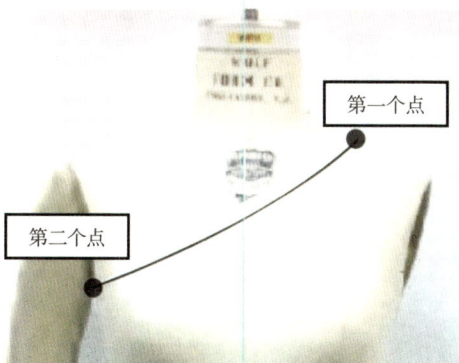

图4-207　绘制第一、二个点

图4-208　绘制矩形、填色

　　接下来使用"钢笔工具"从第二个点向第一个点作另一条向上凸的弧线，把由点一点二形成的扁圆的"填色"设置为"灰色"或者"黑白渐变色"，并选择"置于底层"，如图4-209所示。同理，把左肩的长方形进行立体效果处理。使用"直接选择工具"选中长方形左边的长边，依次进行"复制"→"贴在前面"，再换成"钢笔工具"单击上方的锚点，作一个三角形，并把"填色"设置为"灰色"或者"黑白渐变色"，如图4-210所示。最后，用"直接选择工具"，选中第一个点和第二个点之间的凹状弧线，依次进行"复制"→"贴在前面"，将其向下移动到合适的位置，如图4-211所示。

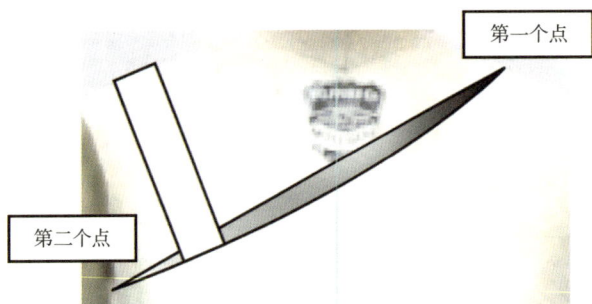

图4-209　填色、调整图层顺序

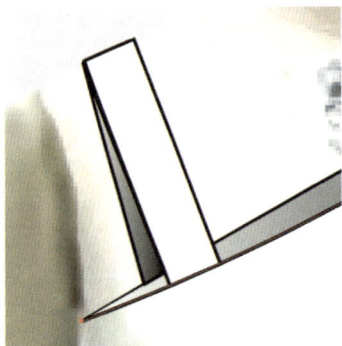

图4-210　绘制三角形

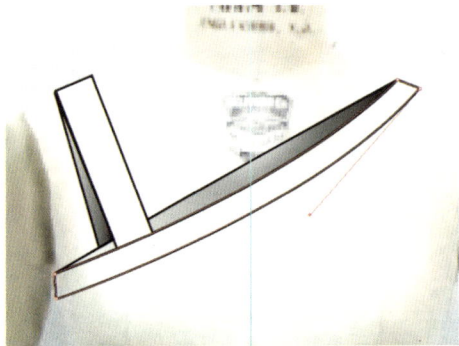

图4-211　移动弧线

（二）补充完整上半身其余基础线条

从第二个点向下画侧缝线，再向中间参考线作腰线，如图4-212所示。之后用"直接选择工具"选中左侧的侧缝线和腰线，依次进行"复制"→"贴在前面"→"镜像工具"旋转，最后用"钢笔工具"把右侧剩下的部分补齐，如图4-213所示。

（三）绘制褶皱花边

首先需要绘制褶皱部分的大概轮廓，对图4-211中得到的弧线依次进行"复制"→"贴在前面"。换成"钢笔工具"，单击弧线左边的锚点向左斜下作直线，然后向右斜上方作弧线，最后，回到刚才复制好的弧线右侧锚点上，也就是肩线上的锚点，作最后一条直线，形成一个闭合图形。换用"选择工具"选中刚才画的闭合图形，调整"填色"为"白色"并选择"置于顶层"，如图4-214所示。

接下来用"直接选择工具"选中刚才画的斜着的弧线，改用"铅笔工具"来画细节褶皱。这里注意，下笔的起点一定要在这条线上面，落笔也需要回到这条线上，绘制的新形状才能替代旧形状，如图4-215所示。

用"直接选择工具"选中图4-211中得到的弧线，使用"铅笔工具"重塑这条线，这条线的褶皱是小褶皱，因此，波浪弧度不用像胸前的褶皱那样大，如图4-216所示。

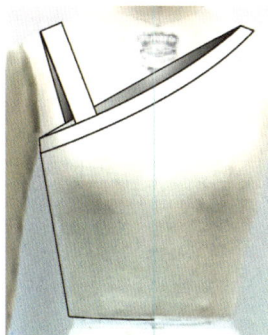

图4-212 绘制侧缝线、腰线　　　图4-213 补齐右侧　　　图4-214 绘制闭合图形

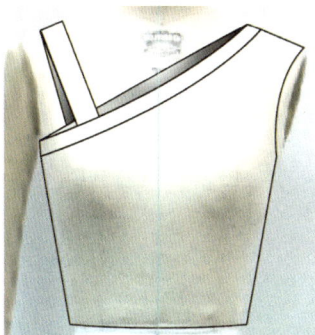

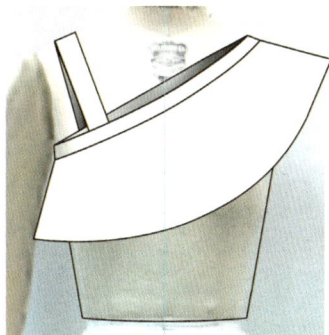

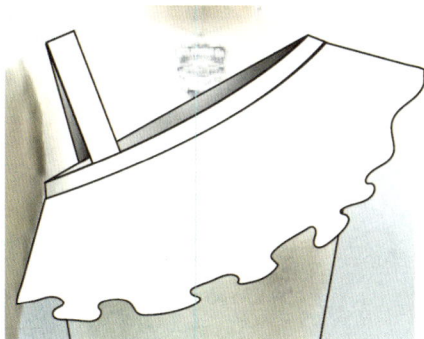

图4-215 绘制新形状　　　　　　图4-216 绘制小褶皱

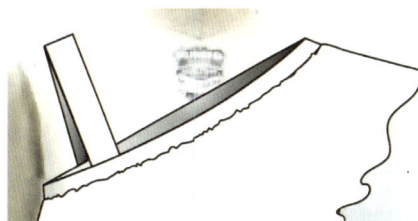

如图4-217所示，不用换工具，继续使用"铅笔工具"画出褶皱产生的褶纹。画好褶纹后，在右侧面板中的"描边"中对褶纹的粗细和形状进行调整，如图4-218所示。

褶纹立体效果的绘制。使用"钢笔工具"对褶纹的阴影形状进行描绘，这里要注意的是，胸前花边的左右两端需要绘制大片面积的阴影形状来呈现立体效果，如图4-219所示。

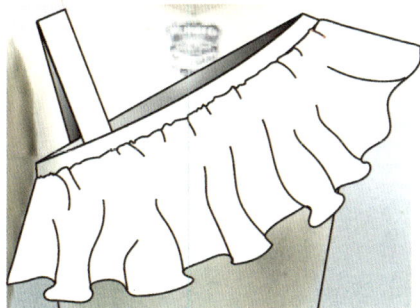

图4-217 绘制褶纹　　　　　　　图4-218 调整褶纹

　　此款连衣裙是收腰款式，需要在腰处绘制省道。选择"直线段工具"在腰线和参考线焦点以左1/2到1/3的位置向斜上画一条较短的直线，并调整粗细和形状，如图4-220所示，为左侧省道。右侧省道可通过"镜像工具"得到。

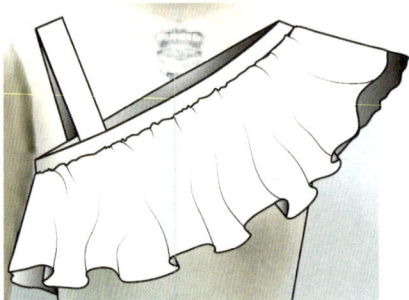

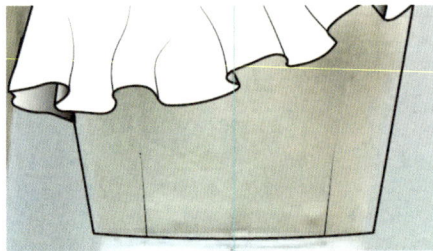

图4-219　阴影　　　　　　　　　　　图4-220　绘制省道

（四）绘制正面裙摆

　　首先对腰线依次进行"复制"→"贴在前面"，取腰线左侧锚点开始绘制下裙摆的大概轮廓，下裙摆要比胸前的花边用的布料更多，所以产生的褶纹会更加明显，如图4-221所示。用"钢笔工具"画出裙摆左侧的外轮廓，接下来依次进行"复制"→"贴在前面"→"镜像"翻转，得到一个完整的裙摆轮廓，如图4-222所示。

　　然后换用"铅笔工具"对下摆与侧缝线进行调整，并和上半身的褶皱花边步骤一样，依次画出褶纹和褶皱立体效果，如图4-223所示。连身裙正面款式图绘制完成，如图4-224所示。

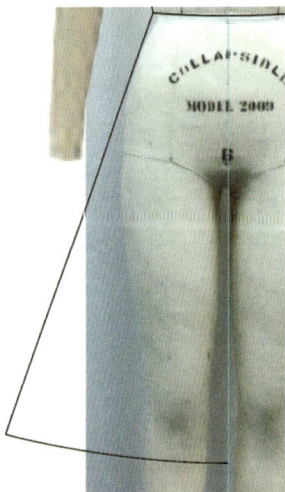

图4-221　绘制裙摆左侧外轮廓　　　　　图4-222　翻转

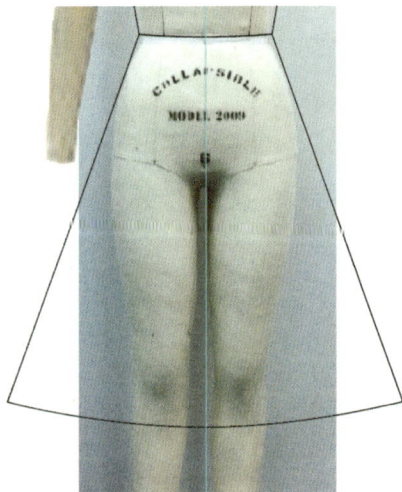

图4-223 褶纹和褶皱

图4-224 正面完成图

（五）绘制背面款式图

背面款式图需要从正面款式图的基础上进行调整，因此选中正面款式图的所有线条进行"复制"，接着建立图层3、隐藏图层2，在图层3上面对正面款式图进行"粘贴"与"镜像"翻转，即可得到背面款式图的基础框架，如图4-225所示。接下来删除所有不需要的线条：褶纹、阴影、省道，胸前和下摆的花边褶皱形状可以通过"铅笔工具"进行微调，如图4-226所示。然后补齐所有褶纹和阴影，如图4-227所示。还可以画出后背中线，并选择"置于底层"。

图4-225 背面款式图基础框架

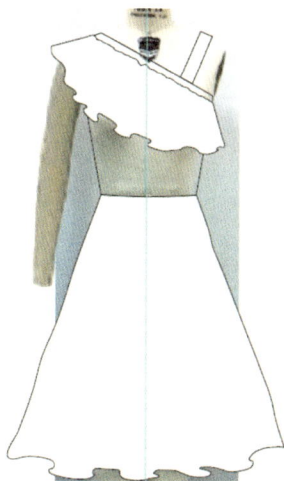

图4-226 调整

图4-227 补齐褶纹和阴影

最后，需要给裙子增加拉链设计，连身裙的拉链一般在侧缝线上或者后背中线上，但是此款连衣裙后背带有花边褶皱，所以，可以选择在侧面增加拉链设计。使用"铅笔工具"，在腰线靠下一点的位置画一个水滴样式的形状，并把线条粗细调整为"0.5pt"，如图4-228所示。背面款式图绘制完成，如图4-229所示。

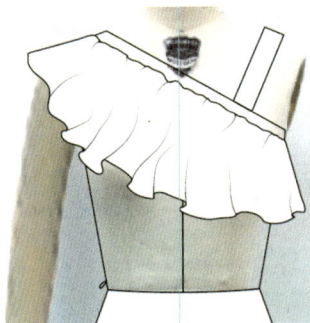

图4-228　拉链设计　　　　　　图4-229　背面完成图

四、女士西装上衣

女士西装上衣款式如图4-230所示。

图4-230　女士西装上衣款式

（一）绘制驳领翻折线

建好画布后，使用"钢笔工具"在人台的后领窝处落下第一个锚点，第二个锚点落在脖子的左侧靠肩线的位置作弧线。这里要注意，点二要落在人台颈线外一点。接着向右斜下、穿过中间的参考线作弧线，落点即为第三个锚点。第三个锚点一般都在中间线右边、腰线靠上一点的位置，而且第二和三个锚点之间的弧线在穿过中线时的位置不高过胸高点的这条水平线和中线相交点，如图4-231所示。然后，从第三个锚点向下作直线，落点为第四锚点，第四个点的位置决定了服装的长度。最后，按住Ctrl键，鼠标单击画板任意空白处结束绘制，如图4-232所示。

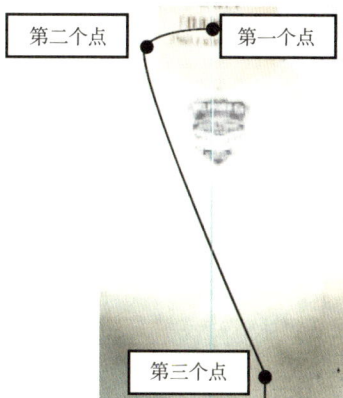

图4-231 绘制前三个点   图4-232 绘制第四个点

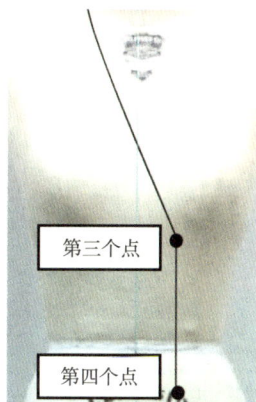

（二）绘制翻领外领口线

领外口线的第一、第二个锚点的位置在刚才驳领翻折线第一、第二个锚点的正上方，这两条线基本是平行的，即为第五个点和第六个点。从第六个点向第七个点作直线，第七个点落在左肩线上，同样的要和人台的轮廓线保留一点距离，如图4-233所示。

接下来从第七个锚点向左斜下作直线，落点为第八个锚点。继续向右斜下作一条直线为领子的缺口，落点为第九个点，如图4-234所示。

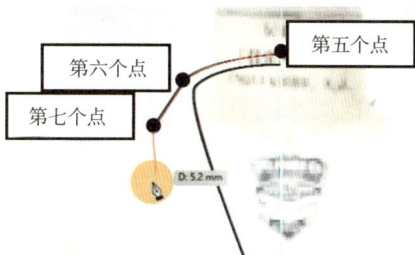

图4-233 绘制第五到第七个点   图4-234 绘制第八、九个点

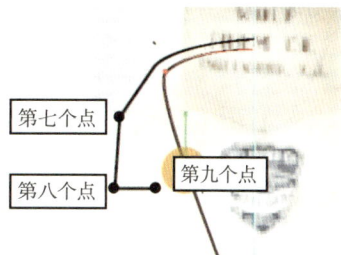

（三）绘制驳头

如图4-235所示，可按照设计所需进行驳头形状的绘制。起点，也就是第十个点落在驳领翻折线上，并向左斜下、第九个点的位置作直线，接下来向左斜上作直线，落点为第十一个点。第十一点要在第八点的外侧一些，若形状不满意，则可以进行调整。最后连接第十一点和第三点，驳领绘制完成。

（四）补充完左半边款式图

使用"钢笔工具"，在靠近第七个点的位置落下一个锚点，沿着左肩作肩线。接着画出袖窿线，西装或者外套的袖窿线弧度较小，相比较于贴身衣物线条会直挺一些。接着画出侧缝线和底边线，底边线衔接上翻折线的最下端，如图4-236所示。

一般西装的袖子是比较贴合手臂形状的，因此可以按照手臂的形状进行绘制。但要注意，线条和人台之间需要留出一定的空隙，空隙的大小是根据实际布料的厚度来决定的，如图4-237所示。

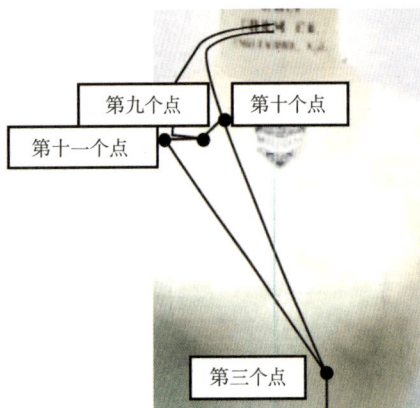

图4-235　绘制驳头

图4-236　绘制袖窿线、侧缝线、底边线

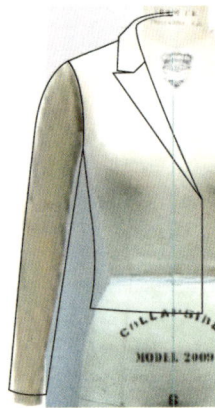

图4-237　绘制袖子

（五）增加左侧款式图细节

1.绘制大袖和小袖的分割线

分割线靠近袖子的内侧，和袖子内侧弧线基本平行，因此对内侧线依次进行"复制"→"贴在前面"，调整到合适的位置，并用"直接选择工具"将两端的锚点进行延伸，使其分别落在袖口线和袖窿线上，如图4-238所示。

2.绘制省道

这件西装的省道和公主线需要连在一起画，因此在袖窿线上落下一点，向底边作弧线，弧线下端垂直于底边线如图4-239所示。

3.绘制口袋袋盖

在左侧侧缝线靠下一些的位置上落下第一个点，然后向左斜下方作直线，即为第二个点。第二个锚点需要在侧缝线的外侧一点。然后向右侧方斜下作直线，落点为第三个点，这条线需要穿过公主线。接下来向上作一条直线，再向第一个锚点作一条直线，形成一个类似矩形的闭合图形。最后袋盖的"填色"设置成"白色"并选择"置于顶层"，如图4-240所示。

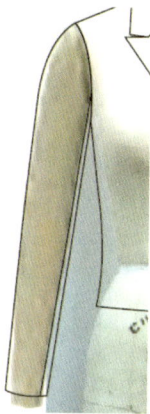
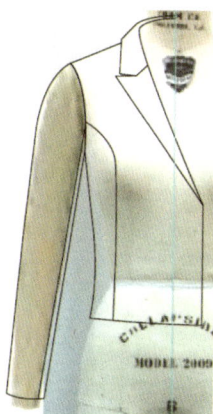
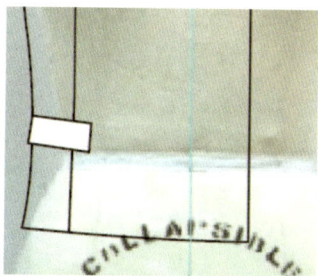

图4-238 绘制大袖和小袖分割线　　图4-239 绘制省道　　图4-240 绘制口袋袋盖

（六）补齐右半边款式图

依次对左半边图形进行"复制"→"贴在前面"→"镜像"翻转，即可得到右半边的款式图，如图4-241所示。因为西装的前片是左侧压住右侧，所以右侧部分需要把和左侧重合的部分进行删除和修改。选择"剪刀工具"，沿着驳领重合的部分在相交的点上单击一下，删除重合的部分，接着改用"钢笔工具"点击刚才切断的锚点补齐轮廓线，如图4-242所示。

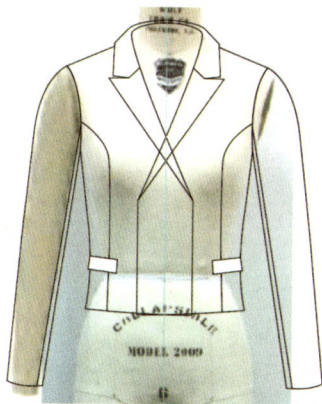
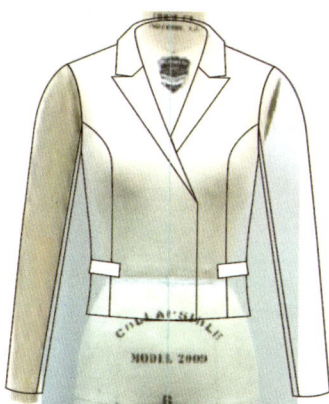

图4-241 翻转　　　　　　　图4-242 调整

由于翻折线和后领底线是平行的关系，所以可以用快捷键Ctrl + C对翻领后折线进行复制，然后选择菜单栏"编辑"→"贴在前面"。接下来用键盘上的向下键，移动这条线到合适的位置，最后用"直接选择工具"把线条调节到合适的长度。

（七）绘制纽扣

大衣和西装的纽扣大多数使用四眼纽扣。首先，需要使用"椭圆工具"画一个正圆，再在里面画四个小的正圆，这就是扣眼。然后选中所有圆形，单击鼠标右键选择"编组"，并把粗细调整为"0.5pt"，简易的四眼扣绘制完成，如图4-243所示。若对纽扣的形状、款式有特殊需求，按照实际纽扣的设计进行绘制即可。最后对编组的纽扣进行复制，再把复制好的纽扣移动到合适的位置上，如图4-244所示。

正面款式图绘制完成，如图4-245所示。

图4-243　绘制四眼扣　　　图4-244　绘制全部纽扣　　　　　图4-245　正面完成图

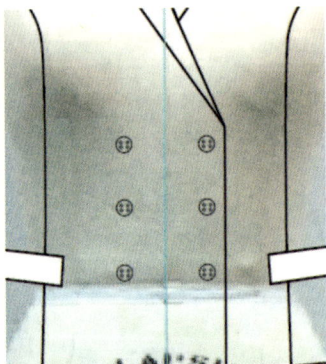

（八）绘制背面款式图

选中正面款式图的所有线条，把正面依次进行"复制"→建立图层3→"粘贴"在图层3上→"镜像"翻转，即可得到背面款式图的基础模板。接下来删除不需要的部分：领子、纽扣、口袋、右侧的省道，如图4-246所示。

修改省道的位置。使用"直接选择工具"把落在左袖窿线上的锚点向上调，并调整弧线的弧度，如图4-247所示。接下来用"直线段工具"画出后背的中缝线，换用"钢笔工具"绘制后脖领线，并移动领

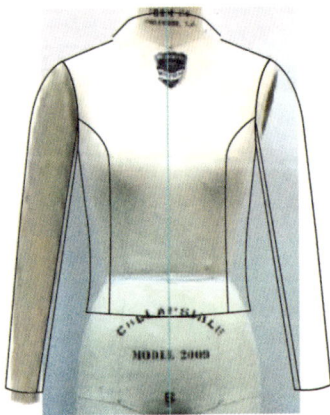

图4-246　调整背面款式图基础模板

子翻折线的锚点至肩线锚点上，如图4-248所示。最后，将左侧画好的省道和后脖领线依次进行"复制"→"贴在前面"→"镜像"旋转，即可得到完整的背面的款式图，如图4-249所示。

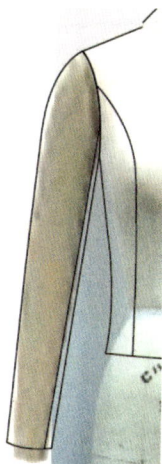

图4-247 修改省道位置

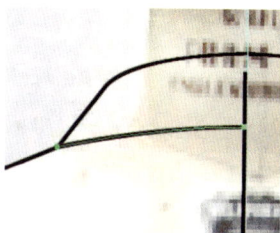

图4-248 绘制后脖领线

图4-249 背面完成图

五、女士西裤

女士西裤款式如图4-250所示。

图4-250 女士西裤款式

（一）绘制左半边裤腰轮廓线与立体效果

与制作半身裙的步骤一样，首先绘制裤腰头轮廓线与其立体效果。这里要注意，所有落在参考线上的锚点的手柄需要垂直于参考线，如图4-251所示。

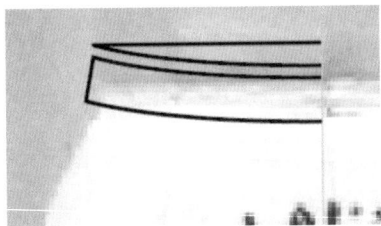

（二）绘制口袋与左侧裤腿轮廓

因为西裤的面料一般都是不带弹性或者轻微弹性的，为了让穿着者方便使用口袋，口袋外的布料是会

图4-251 绘制左半边裤腰轮廓线与立体效果

比口袋内袋布料多一些量的，留下一些空间可以把手或者物品放进口袋里。使用"钢笔工具"在下腰线中间偏左的位置落下一个点，向左侧侧缝线处作弧线，并沿着人台的腿部轮廓向下作弧线，如图4-252所示。绘制好裤腿外侧轮廓后，向右侧作裤脚线，再向上沿着裤腿内侧线绘制内侧缝线，最后一个锚点落在裆下，并且调整锚点左右的手柄，手柄线应垂直于参考线，如图4-253所示。左侧裤腿轮廓绘制完成，如图4-254所示。

接下来补齐口袋轮廓线，使用"钢笔工具"从裤腰头线向下作弧线，落点在侧缝线内一点，如图4-255所示。继续使用"钢笔工具"画出口袋侧面缺口形状，调整"填色"为黑白渐变色，如图4-256所示。

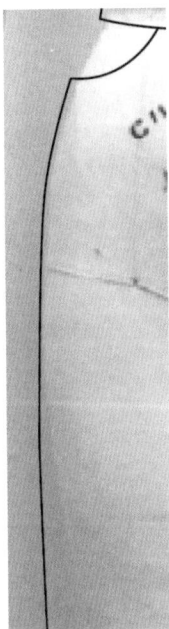

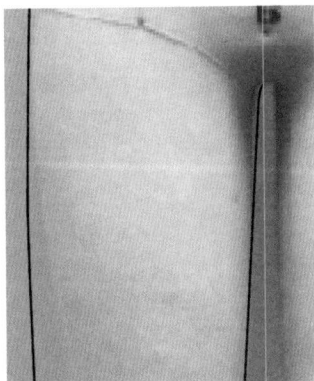

图4-252 作弧线　　　图4-253 作内缝线　　　图4-254 绘制裤腿轮廓

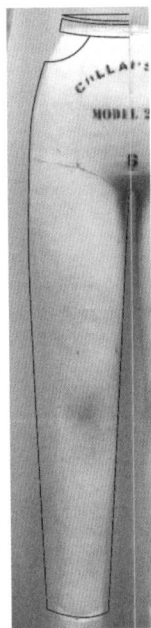

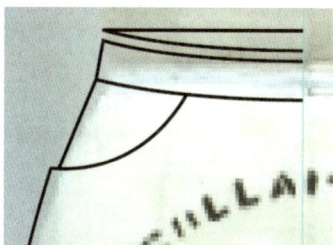

图4-255 补齐口袋轮廓线

图4-256 填色

（三）绘制前挺缝线

西裤一般在裤腿中间有一条折线，叫作"前挺缝线"。使用"直线段工具"或者"钢笔工具"从裤脚线的中间位置向上作一条直线，落点大约在大腿的位置。然后打开右侧"描边"选项，线条粗细调成"0.5pt"，在"配置文件"里面选择第四图形，效果如图4-257所示。

（四）补齐右半边款式图并连接翻折点

依次对左半边图形进行"复制"→"贴在前面"→"镜像"翻转，即可得到右半边的款式。接下来对参考线上的翻折点——进行连接，如图4-258所示。

（五）绘制裤腰立体效果

使用"选择工具"选中裤腰上方的椭圆形，单击"填色"选择黑白渐变色，再使用键盘上向下键，把椭圆形移动到裤腰头上，如图4-259所示。

图4-258 连接翻折点

图4-257 绘制前挺缝线

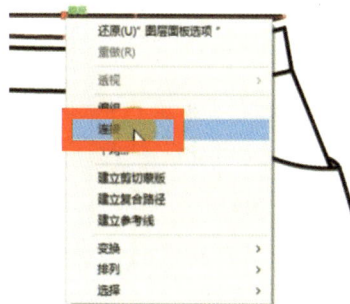

图4-259 绘制裤腰立体效果

（六）绘制裤门襟

使用"直线段工具"从上裤腰头线向裆下的弧度作一条直线，并调整线条粗细至"0.5pt"。接下来换用"钢笔工具"在直线右侧的上裤腰头线上位置落下一个锚点，然后向下作直线，再作弧线连接到直线上，如图4-260所示。

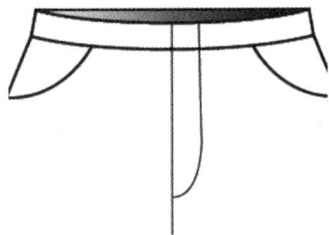

图4-260 绘制裤门襟

（七）增加细节

1.褶纹

使用"铅笔工具"在前裆底处绘制褶纹，并调整线条粗细为"0.5pt"，如图4-261所示。

2.缝纫线迹

使用"直接选择工具"选中裤腰头腰带的上下两条线，依次进行"复制"→"贴在前面"，分别向上向下移动新线条，调整线条的粗细，设置成虚线，如图4-262所示。

图4-261 增加细节

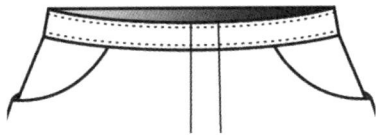

图4-262 缝纫线迹

（八）绘制背面款式图

选中正面款式图的所有线条，把正面依次进行"复制"→建立图层3→"粘贴"在图层3上→"镜像"翻转，即可得到背面款式图的基础模板。接下来删除不需要的部分，只留下裤子的外轮廓线，如图4-263所示。

使用"直接选择工具"，对最上方的裤腰头线依次进行"复制"→"贴在前面"→向下移动新的线条到合适的位置，如图4-264所示。

1.缝纫线迹

和正面一样，需要给裤子腰带的上下两条线增加虚线。

2.后袋

换用"矩形工具"或者"直线段工具"，在左侧臀部位置绘制一个细长的长方形，并复制粘贴一个一模一样的长方形在右侧，如图4-265所示。

3.省道

使用"钢笔工具"或者"直线段工具"，在左侧下腰带线中间位置上落下一点，接着向下作直线，并调整线条的粗细和形状。最后，复制粘贴省道到右半边，如图4-266所示。背面款式图绘制完成，如图4-267所示。

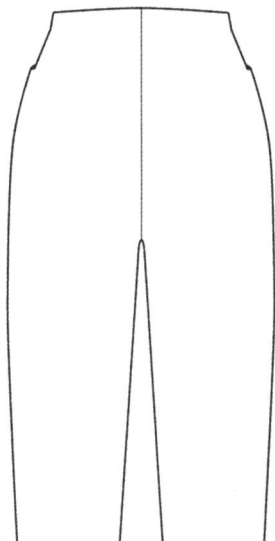

图4-264　绘制裤腰

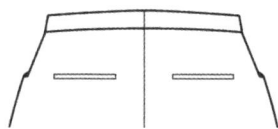

图4-265　绘制后袋

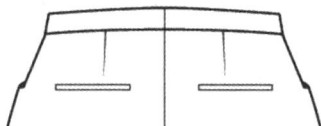

图4-266　绘制省道

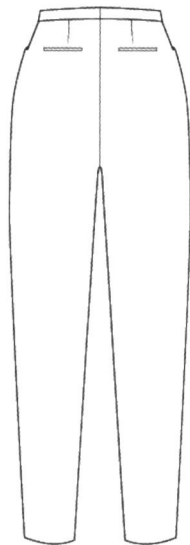

图4-263　调整背面款式图基础模板

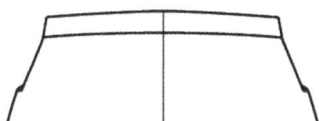

图4-267　背面完成图

六、款式图颜色与布料的表现

服装面料之所以可以呈现出美丽的外观，是由于面料的各种颜色、图案和肌理，本案例主要展示如何给款式图简单地增加颜色和印花图案。

（一）检查款式图

利用前面章节已经绘制的T恤衫为样板，如图4-268所示。先确认T恤衫需要上色的部分是否为闭合图形。使用"直接选择工具"，选中锚点单击右键进行连接。若是没有连接上，则会直接被连接上；若是已经连接上，则会弹出一个对话框，显示这个步骤是无效的，如图4-269所示。

图4-268　T恤衫样板

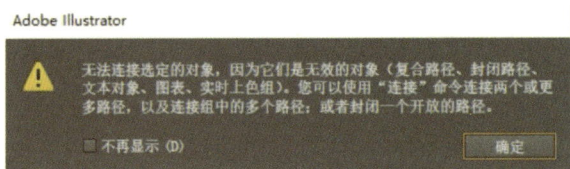

图4-269　弹出对话框

（二）填色

使用"选择工具"选中袖子所在的闭合图形，单击工具栏下面的"填色"工具，如图4-270所示。这时会弹出"拾色器"对话框，如图4-271所示。在所有颜色中任意选择一种颜色后单击"确定"，即可得到带有颜色的图形，如图4-272所示。

图4-270　填色工具

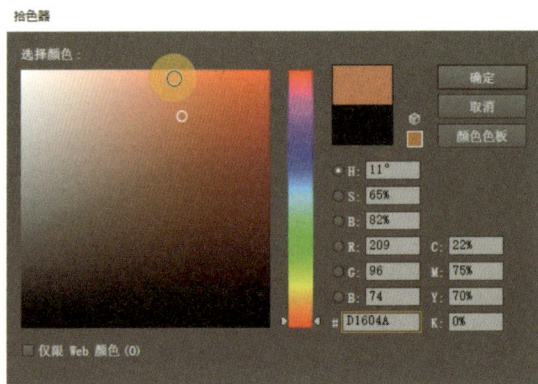

图4-271　拾色器对话框

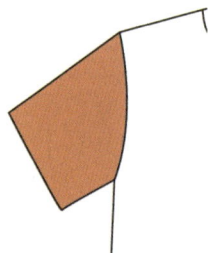

图4-272　填色

（三）绘制文字

选中工具栏中的"画笔工具"，如图4-273所示，在T恤衫上任意地方写出任意文字，如图4-274所示。然后在上方属性面板中找到画笔定义，单击下拉框右上角的箭头打开隐藏

图4-273　画笔工具

图4-274　绘制任意文字

图4-275　打开画笔库

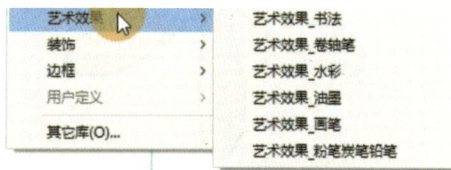
图4-276　选择艺术效果

选项，选中"打开画笔库"，如图4-275所示。选择"艺术效果"，就能看到很多不同的字体，如图4-276所示。点开任意艺术效果，便会弹出相应的对话框，即可在里面选择不同的艺术效果。若是需要增大或者缩小字体，可在右侧面板中"描边"选项里面进行更改。

（四）绘制图案

除了文字，这个方法也适合画一些简单的设计图案。首先随意画一条线，然后单击"打开画笔库"，找到"装饰"，选择"典雅的卷曲和花型"画笔组合，如图4-277所示，即可弹出相应的对话框，里面包含各种各样的复杂图案，如图4-278所示。

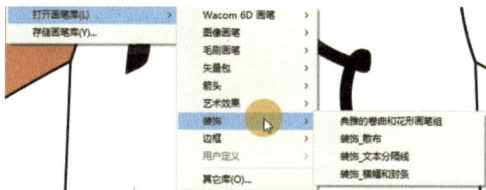
图4-277　选择画笔组合

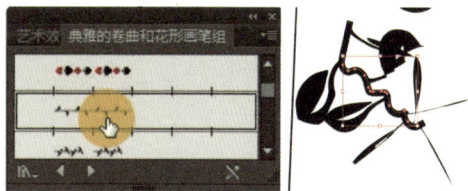
图4-278　弹出对话框

除了可以使用画笔库里各式各样的特殊效果来组合设计图像，肌理型图案的填充方法也经常会被使用。这种方式常用于款式图需要大面积使用重复的花纹，如针织服装的肌理或是镂空的蕾丝花纹布料。首先画一个花朵，如图4-279所示，画好后选择所有的线条单击右键进行"编组"，然后依次进行"复制"→"粘贴"，将花朵排列组合、"编组"，如图4-280所示。

接下来对T恤衫的袖子进行"复制""粘贴"，并设置"填色"为"无"，"填色"为"黑色"。把袖子的图形放置到花朵组合的上面，选中两者并单击右键，在排列中设置为"置于顶层"。再次用"选择工具"选中所有对象，单击右键选择"建立剪切蒙板"，如图4-281所示；袖子即可得到花朵图案的花纹面料，如图4-282所示。之后把带有图案的袖子移动回款式图上，如图4-283所示。如果想保存这个图案，可以在选中这个花朵图案组合后，直接拖到右侧面板的"色板"中建立新的图案色板，如图4-284所示，以后再打开AI软件时，就可以继续使用这个填充图案。

图4-279　绘制花朵

图4-280　编组

图4-281　建立剪切蒙版

图4-282　花朵图案
花纹面料

图4-283　移动

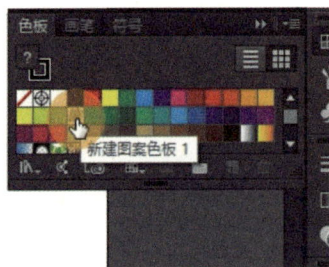

图4-284　新建图案色板

七、女装款式图案例赏析

更多女装款式图案例如图4-285～图4-304所示。

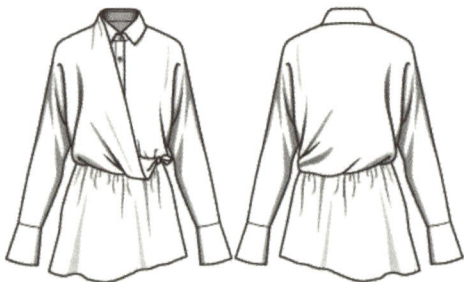

图4-285　不对称衬衫

图4-286　对称衬衫

图4-287 上衣

图4-288 运动上衣

图4-289 针织上衣

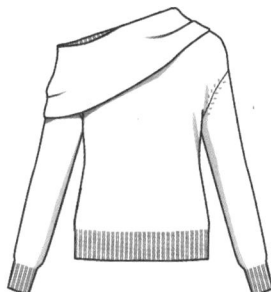

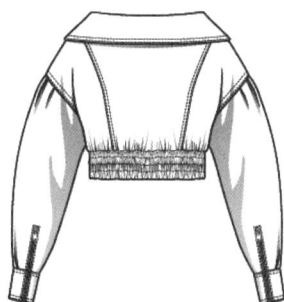

图4-290 短款夹克

图4-291 衬衫裙

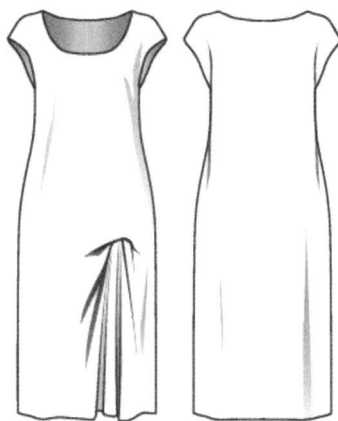

图4-292 连衣裙（一）

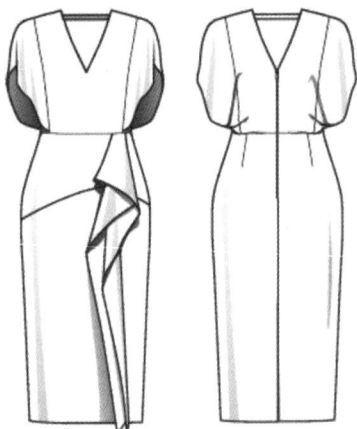

图4-293　连衣裙（二）

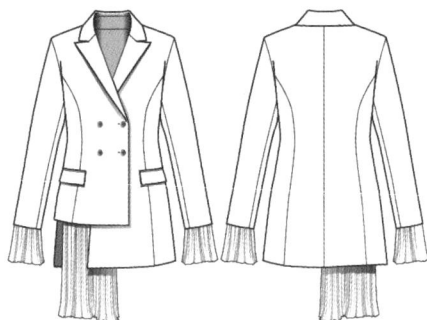

图4-294　不对称西装上衣

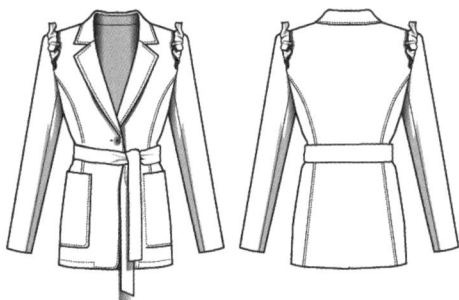

图4-295　对称西装上衣

图4-296　棉服

图4-297　风衣

图4-298　休闲外套

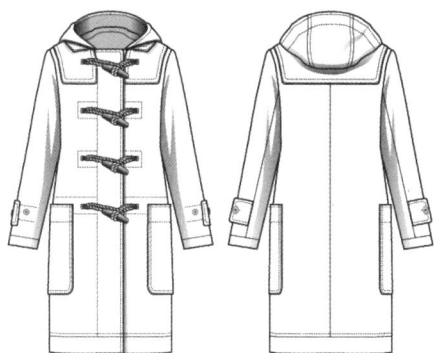

图4-299 呢子大衣

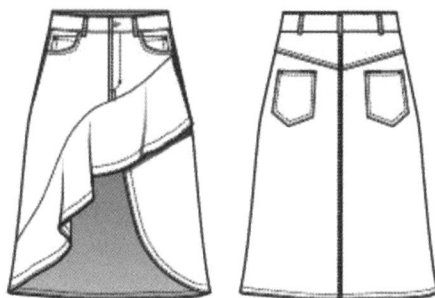

图4-300 牛仔裙

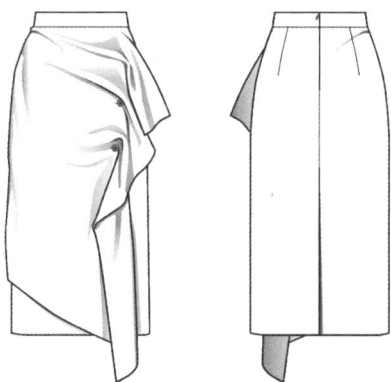

图4-301 不对称包身裙

图4-302 系带裙裤

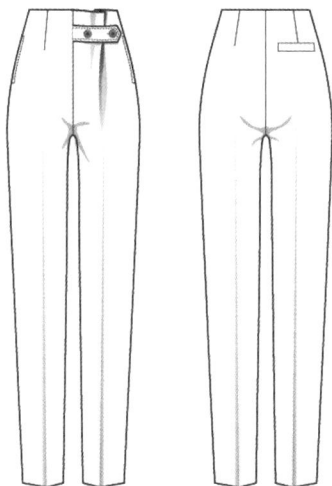

图4-303 直筒裤

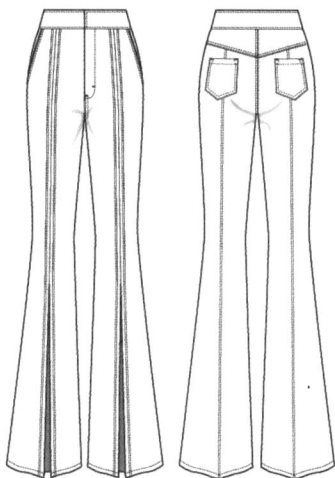

图4-304 喇叭裤

本章小结

　　Adobe Illustrator极大地提高了服装设计与生产的准确性与多样性，是体现服装设计样式和指导服装生产的一种表现手法。这种方式表达清晰明了，将服装的正背面、外轮廓线造型、内结构线与分割线等细节进行一一展示。款式图线条表现要清晰、圆顺、流畅，虚实线条要分明，款式图中的虚实线条代表不同的工艺要求，各个部件之间的空间结构决定了服装的整体比例，需要绘图者对每一条线条仔细设置与绘制。

思考题

1. 请简述在绘制款式图前的准备工作有哪些。
2. 请列举AI软件在服装设计中的应用都有哪些。
3. 请分别说出服装款式图和服装效果图的特点。
4. 平面款式图的基本绘制流程是什么？

扫二维码观看本章教学视频（共14个）

32.AI常用绘图界面及工具介绍	33.应用案例1衣领	34.应用案例1喇叭袖	35.应用案例1插肩袖	36.应用案例1袖子增加细节
37.应用案例1拉链	38.应用案例2带襻腰带	39.应用案例2系扣腰带	40.应用案例3泡泡袖上衣	41.应用案例4半身裙
42.应用案例4连衣裙	43.应用案例5女士西装上衣	44.应用案例5女士西裤	45.增加颜色、图案和面料	

参考文献

[1] Cally Black. 100 Years of Fashion Illustration[M]. London：Laurence King Publishing，2007.

[2] 丰蔚. Coreldraw成衣设计表现[M]. 北京：中国轻工业出版社，2013.

[3] 邹游. 时装画与时装效果图[M]. 北京：中国青年出版社，2008.

[4] 赵晓霞. 时装画电脑表现技法[M]. 北京：中国青年出版社，2012.

[5] 程琦. 时装画表现技法：电脑数码绘本[M]. 北京：中国纺织出版社，2017.

[6] 唐莹. 中文版Photoshop CC从入门到精通[M]. 北京：电子工业出版社，2022.

[7] 陈金枝，王莎莎，梁梅楠. Photoshop CC入门与进阶[M]. 北京：北京理工大学出版社，2018.

[8] 崔晓宇，葛星. 服装设计——创意构思与效果图绘制[M]. 北京：电子工业出版社，2019.

[9] 葛星. 服装设计效果图综合手绘技法基础教程[M]. 北京：电子工业出版社，2021.

[10] 故宫博物院. 清宫后妃氅衣图典[M]. 北京：故宫出版社，2014.

[11] 欧文·琼斯，等. 中国纹样[M]. 北京：商务印书馆，2019.

[12] 李友友. 民间刺绣[M]. 北京：中国轻工业出版社，2005.

[13] 张世申，刘雍. 中国贵州民族民间美术全集·刺绣卷[M]. 贵阳：贵州人民出版社，2008.

[14] 红糖美学. 华之色——纹样里的中国传统色[M]. 北京：中国水利水电出版社有限公司，2022.

[15] 周朝晖，邓美珍. 服装款式设计[M]. 哈尔滨：哈尔滨工程大学出版社，2009.

[16] 郭锐. Adobe Illustrator服装款式图绘制技法[M]. 北京：中国纺织出版社有限公司，2020.

[17] 吴艳梅. 时装画技法[M]. 北京：北京理工大学出版社，2012.

[18] 陆敏. Illustrator服装款式模块设计1200例[M]. 上海：华东大学出版社，2021.